단단한 아이를 만드는 식사의 기적

단단한 아이를 만드는 식사의 기적

초판 1쇄 발행 2026년 1월 10일

지은이	김남희
펴낸이	최선애
펴낸곳	북테이블
출판등록	제2020-000120호
주소	03939 서울시 마포구 월드컵북로27길 62
전화	02-303-3690
팩스	0504-343-8650
이메일	book_table@naver.com
홈페이지	www.booktable.co.kr

교정교열	김혜영
디자인	디박스
인쇄대행	공간코퍼레이션

값 20,000원 ISBN 979-11-983788-2-8 03590

6개월~6세 | 육아 난이도 확 낮추는 기질 맞춤 식사법

단단한
아이를
만드는

식사의 기적

김남희 지음

북테이블

차례

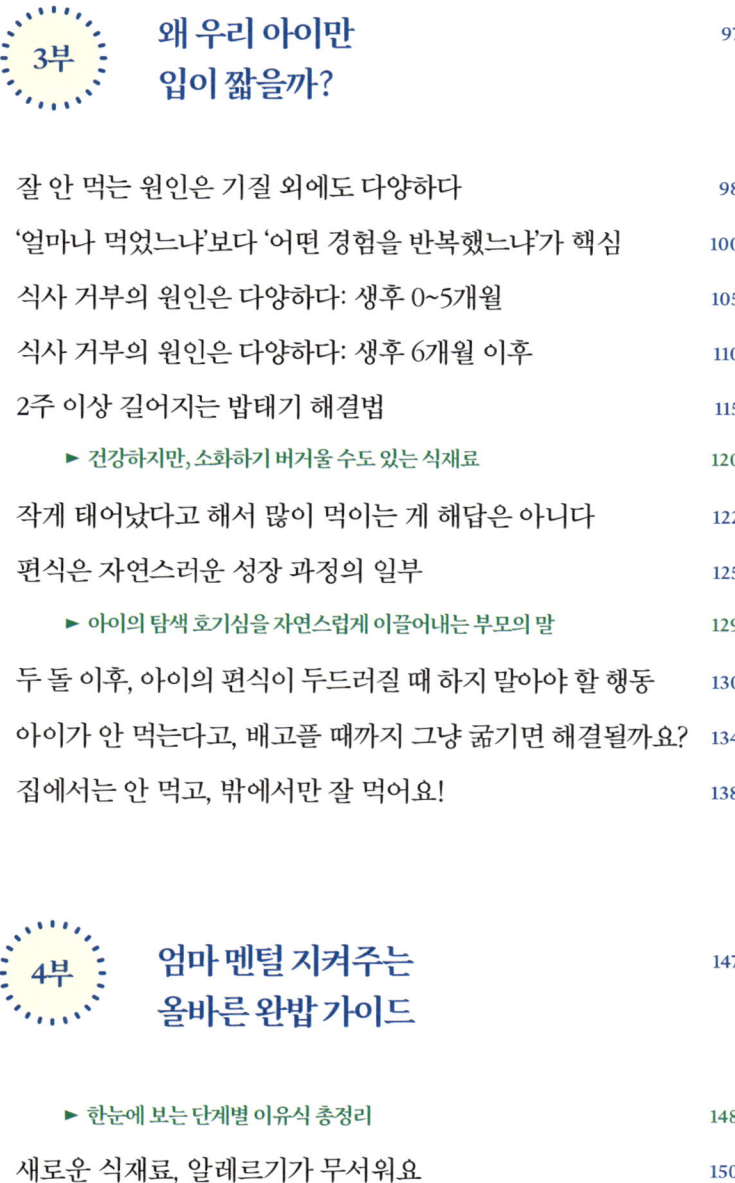

프롤로그

아이의 밥상 앞에서 엄마인 나부터 무너졌던 날들

내 자식 밥 하나 먹이는 일에
내 마음이 먼저 무너질 줄은 몰랐다.
숟가락 하나 들고 앉아 아이 입만 바라보는데,
아이가 고개라도 휙 돌리면
그 순간이 엄마인 나를 평가하는 것처럼 느껴졌다.
별거 아닌 한 숟가락의 거부가
엄마로서 실패한 것으로 느껴지던 날들.
그렇게 아이의 밥상 앞에서 엄마인 나부터 무너졌던 날들.
지금 생각해 보면 사소한 일들이었는데,
왜 그리 큰 무게로 다가왔는지
돌아볼 여유조차 없었던 날들.
이 책은 쌍둥이 엄마인 나의 이야기이자,
지금도 밥상 앞에서 무너졌다가 다시 일어나는
모든 엄마들에게 진심을 담아 보내는 응원이다.

먼저
읽어주세요

1

영유아기 식습관이 여든까지 간다

생후 6개월부터 만 6세까지 자녀의 식습관을 고민해야 하는 이유

어느 학부모가 자기 아이에게는 '왕의 DNA'가 있다며 교사에게 특별 대우를 요구한 사건이 매스컴을 뜨겁게 달군 적이 있다. 그런데 정말로 '왕의 DNA'라는 게 존재할까?

꿀벌 사회를 들여다보면, 그 답은 '아니요'다.

여왕벌과 일벌은 모두 같은 유전자를 가진 암컷이다. 기존 여왕벌이 수명을 다해 새로운 여왕벌이 필요해지면, 일벌들은 특정 애벌레를 골라 집중적으로 로열젤리를 먹인다. 그렇게 선택되어 계속 로열젤리를 먹고 자란 애벌레는 여왕벌이 되고, 나머지 애벌레들은 일벌이 된다.

유전자는 같지만, 무엇을 먹었는지에 따라 여왕벌은 일벌보다

몸집은 2~3배 크고, 수명은 20~40배 길며, 평생 알을 200만 개 이상 낳는 차이가 생긴다.

타고난 DNA가 아닌 무엇을 먹는가, 어떤 환경에서 자라는가가 이런 차이를 만든다. 이 원리는 벌뿐만 아니라 인간에게도 똑같이 적용된다. 생후 6개월은 아이가 모유나 분유 외에 이유식으로 음식을 처음 경험하는 시기이고, 만 6세까지는 뇌, 신경계, 면역체계가 급격히 발달하며 식습관이 평생을 좌우할 기초로 자리 잡는 시기다. 이 시기의 식사 경험은 단순히 '먹는 것'이 아니라, 심신의 건강과도 깊이 연결된다.

이 시기에 형성된 식습관은 쉽게 바뀌지 않기 때문에, 이 시기를 어떻게 보내느냐가 평생의 건강을 결정짓는 중요한 열쇠가 될 수 있다. 그러니 "세 살 버릇 여든까지 간다"라는 속담은 과학적으로도 충분히 근거가 있는 셈이다.

이와 관련해 후성유전학epigenetics은 더욱 강력한 근거를 제시한다. 미국 듀크대학교의 랜디 저틀Randy Jirtle 교수는 후성유전학 연구를 통해, 임신부의 식습관이 자녀의 유전자 스위치를 조절한다는 것을 입증했다.

DNA가 동일하고 똑같이 임신한 쌍둥이 어미 쥐에게 각각 다른 먹이를 준 실험에서, 일반 먹이를 먹은 어미 쥐의 새끼는 노란색 털, 비만, 당뇨, 암 발현을 유도하는 아구티agouti 유전자가 그대로 발현되었다. 반면에 엽산, 비타민 B12, 콜린 등 DNA 발현을 조절하는 영양소가 풍부한 먹이를 먹은 어미 쥐의 새끼는 갈색 털에 정상 체형으로 건강하게 태어났다. DNA가 같은데도 불구하고 아구티 유전자가 발현되지 않았기 때문이다. 유전자는 같지만, 영양 섭취에 따라 건강 상태가 전혀 다른 새끼를 낳은 것이다.

같은 DNA로부터 다른 결과를 발현시키는 것, 이것이 바로 후성유전학이다. 글자 그대로 태어난 후後, 식이와 환경에 변화를 주면 유전자 발현을 조절할 수 있다. 그중에서도 '먹는 것', 즉 식습관은 유전자 스위치를 켰다 껐다 하는 결정적인 역할을 한다.

이왕이면 좋은 것만 물려주고 싶은 것이 부모 마음이다. 하지만 우리는 암, 당뇨, 고혈압, 치매, 면역질환, 비만 등 수많은 질병이 넘치는 세상에 살고 있고 이 질병들은 대부분 유전성을 가지고 있다. 중요한 건 유전자를 바꿀 수는 없지만 '식습관'을 통해 유전자 스위치를 켜거나 끌 수는 있다는 것이다.

천식, 한포진, 건선, 비염, 다낭성 난소 증후군, 갑상샘갑상선 기능 저하 등 면역질환이 많은 엄마인 내게 후성유전학은 더없이 큰 위안이 되었다.

결국, 하기 나름인 셈이다.

그러니 지금 이 순간부터가 중요하다. 생후 6개월부터 만 6세까지 아이의 식사는 아이의 유전자를 움직이고, 평생의 건강을 설계하는 출발점이다. 이 책은 그 결정적인 시기를 어떻게 단단히 채워야 하는지에 대한 이야기를 담았다.

타고난 유전자도 식사를 비롯한 운동, 수면, 음주, 스트레스 등에 따라 달라질 수 있다.

먼저
읽어주세요

2

식사만큼 아이의 뇌를 자극하는 활동은 없다

일상에서 반복되는 긍정적인 오감 자극이 아이의 뇌를 만든다

뇌 발달의 약 25%가 태아기에 이루어지며 나머지 75%는 출생 이후, 특히 만 3세까지 급속도로 발달한다. 이 시기는 신경회로가 형성되는 등 전 생애를 통틀어 뇌 전체가 가장 활발하게 성장하는 시기로, 두뇌 발달의 황금기다.

만 3세가 되면 뇌의 구조와 용량이 성인의 약 75~80% 수준까지 성장하며, 이 시기의 경험이 인지능력, 정서, 사회성, 언어능력 등에 영향을 미친다.

지능은 뇌 신경세포 간의 연결망, 즉 신경회로의 정교함과 치밀도에 따라 형성되며, 이러한 연결은 주로 감각 자극을 통해 이루어진다. 시각, 청각, 촉각, 미각, 후각 등 다양한 감각 경험은 신경 돌기 말단인 시냅스를 활성화하여 뇌의 지도map를 설계하는 역할을 한다. 이 시기의 감각 자극은 단순한 자극이 아니라, 두뇌 구조를 쌓아 올리는 '건축 자재'와도 같다.

만 3세 이전 시기는 오감을 통해 뇌가 발달하는 시기이자, 두뇌 발달의 토대가 형성되는 결정적 시기다. 이 시기의 뇌는 각 영역이 서로 연결되며 기능이 분리되는 과정을 겪는다. 즉 아이의 뇌 안에는 영역별 '두뇌 설계도'가 그려지기 시작하며, 반복적이고 긍정적인 오감 자극은 시냅스 연결을 더욱 강화한다. 따라서 이 시기의 다양한 감각 경험은 아이의 두뇌 설계도와 함께 아이가 평생을 살아가는 데 필요한 인지적, 정서적 기반을 만들어준다.

아이는 '느끼며' 자라고 '경험하며' 성장한다. 지금 아이가 보고, 듣고, 만지고, 맛보고, 냄새 맡는 매 순간이 곧 아이의 뇌를 만드는 과정이라는 사실을 잊지 말아야 한다.

SNS에서 영유아기 아이를 데리고 해외여행을 다녀왔다는 글에 대해 설전이 오가는 걸 본 적이 있다. 해외여행이 아이와 함께하는 좋은 추억이라는 의견과 아이는 기억도 못 하니 부모 욕심일 뿐이라는 의견이 팽팽하게 대립했다. 개인적으로는 무의미한 설전이라고 생각한다. 기억하지 못하면 어떻고 부모 욕심이면 어떤가. 일상에서 벗어나 새로운 환경이 주는 다양한 자극, 그 안에서 부모가 보여주는 설렘 가득한 표정만으로도 아이의 오감은 충분히 자극받

았을 테니 말이다.

물론 꼭 해외여행일 필요는 없다.

포인트는 다양한 '자극'이다. 영유아기 때 경험한 맛, 냄새, 느낌, 이미지 등은 아이의 기억에 저장되고 그때마다 뇌세포가 반응한다. 비록 기억하지는 못하더라도 아이가 그 경험 속에서 느낀 정서와 감정은 남는다. 그러니 부모 욕심으로 떠난 해외여행도, 엄마의 체력을 갈아 넣은 방구석 오감놀이도 아이에겐 모두 훌륭한 자극이다.

해외여행이나 엄마표 오감놀이를 매일 제공하기는 사실상 어렵다. 하지만 우리에게는 일상에서 가장 쉽고 꾸준하게 아이의 오감을 자극할 수 있는 방법이 있다.

바로 '식사'다. 음식의 색, 향, 맛, 질감, 아이가 식기를 두드릴 때 나는 소리, 양육자의 말소리까지. 아이는 식사할 때 온 감각을 사용한다. 식사만큼 매일, 일상에서, 규칙적으로 오감을 자극하는 활동은 없다.

게다가 식사는 오감 자극에만 그치는 것이 아니라, 뇌와 신체 발달에 필요한 영양을 직접적으로 제공하는 수단이기도 하다. 식습관 형성과 식사 경험이 중요한 이유가 바로 이것이다.

먼저
읽어주세요

3

아이의 식탁은 엄마의 능력을 평가하는 자리가 아니다

모두가 육각형 엄마가 될 필요는 없다

밥을 안 먹는 아이 앞에서 가장 먼저 무너지는 것은 엄마다. '안 그래야지' 하면서도 아이가 식사를 거부하면 엄마 마음에는 어느새 조급함이 몰아친다. "한 입만 먹자"라며 애원하다가 답답한 나머지 화가 치밀기도 한다. 그러다 보면 어느 순간 엄마가 먼저 무너진다.

나에게도 그런 순간이 있었다. 돌 무렵, 첫째 아이가 갑작스러운 고열로 며칠을 내리 앓았다. 아파서 예민해진 첫째는 입맛을 잃어 밥을 거의 입에 대지 않았고, 매일 아이 상태를 살피고 돌보느라 나는 점점 여유를 잃었다. 아파서 나만 찾는 첫째와 그런 첫째를 따라 덩달아 내게 매달리는 둘째. 거기에 인테리어가 끝나지 않은 새 집으로 이사한 어수선한 상황까지 겹쳐, 나는 빠르게 지쳐갔다.

이런 상황에서 불안했는지, 첫째는 열이 떨어진 뒤에도 한참 동안 밥을 거부했다. 하루하루가 버거웠고 그럴수록 아이들을 돌보는 게 더 힘들게 느껴졌다.

"도대체 왜 안 먹어!"

"왜 자꾸 엄마만 찾아!"

첫째가 안 먹는 이유를 잘 알면서도 받아줄 마음의 여유가 없었다. 안 먹는 첫째의 모습이 곧 나의 부족함을 드러내는 것 같았고, 부쩍 핼쑥해진 첫째를 걱정하는 가족들의 말이 꼭 나를 향한 질책처럼 느껴졌다.

그때의 나는 스스로를 불행하다고 여겼다. 얼마 전에 우연히 어떤 '시'를 읽고, 불행했던 그때가 떠올랐다.

나는 불행 중 수많은 다행으로 자랐다.

(중략)

아무 일도 일어나지 않은 하루의 무사함을 안도하며

나는 그렇게 자랐다.

유정화, 〈다행多幸〉 중에서

지금에 와서야 그 시간들이 사실은 수많은 다행으로 쌓인 시간이라는 걸 안다. 안 먹는 것으로 자신의 상태를 표현했던 첫째. 엄마한테 매달리는 것으로 사랑을 표현했던 둘째. 기꺼이 나를 도와

줄 준비가 되어있던 가족들. 그 버거움 속에서 끝내 무탈했던 하루들. 지나고 나니 나에게 남은 것은 첫째가 남겼던 밥 한 숟가락이 아니라, 고작 밥 한 숟가락에 무너져 화냈던 나 자신에 대한 후회와 아이들에 대한 미안함이었다.

요즘 다방면에서 뛰어난 사람을 '육각형 인간'이라고 한다. 일도 잘하고, 인간관계도 좋고, 경제력도 있고, 건강도 잘 챙기고, 자기계발에도 열심이고, 외모 관리까지 빠짐없이 해내는, 모든 영역에서 빈틈없이 완벽한 사람. 식이지도를 하다 보면 꽉 찬 육각형 엄마가 되려 애쓰는 요즘 엄마들을 종종 만난다. 좋은 엄마이고 싶고, 일도 놓치기 싫고, 아이 케어도 잘하면서 나 자신도 잃고 싶지 않은, 모든 면에서 완벽한 육각형 엄마.

그 시기의 나 또한 그랬다. 아무것도 놓치지 않으려 발버둥 치다가 별것도 아닌 데서 무너졌다. 이제는 안다, 엄마는 육각형일 필요가 없다는 것을.

식탁은 엄마의 능력을 평가하는 자리가 아니다. 육아는 육각형을 완성하는 게 아니라 모서리를 하나씩 둥글게 다듬는 과정이다. 그러니 시간이 지나면 기억도 나지 않을 밥 한 숟가락 때문에 밥상 앞에서, 아이 앞에서 엄마가 먼저 무너지지 않기를 바란다.

1부

식습관 이전에, 아이의 기질을 먼저 알아야 하는 이유

내 아이는 어떤 아이일까?

많은 전문가들이 기질을 '씨앗'에 비유한다. 타고난 인간 내면의 씨앗. 이 씨앗에 만 6세 이전의 환경과 그 이후에 경험하고 배우고 익힌 것들이 덕지덕지 붙어서 '성격'을 형성한다. 기질은 유전적으로 타고나는 특성으로, 자극을 받을 때 자동으로 일어나는 반응 성향을 의미한다. 반면에 성격은 덜 유전적이고, 후천적인 환경에 의해 발달한다고 본다. 기질은 타고나는 것이고, 성격은 자라면서 만들어지는 것이라고 할 수 있다.

같은 씨앗도 어떤 흙에서 햇볕을 얼마나 받고 물을 얼마나 흡수하느냐에 따라 저마다 생김새가 다른 꽃과 열매를 맺는 것처럼, 같은 기질을 타고난 아이도 어떤 환경에 놓이느냐에 따라 전혀 다른 모습으로 성장할 수 있다.

내 아이의 씨앗, 즉 기질은 내가 선택할 수 없다. 또한, 그 씨앗이 정확히 어떤 모양의 꽃을 피우고 열매를 맺을지 예측할 수도 없다.

그러나 그 씨앗에 무엇이 필요하고 어떤 환경이 더 잘 맞는지 안다면, 더 잘 자라도록 도와줄 수 있다. 아이의 기질을 이해한다는 건 아이가 무엇에 민감하고, 무엇을 편안하게 여기며, 어떤 방식으로 접근할 때 마음을 여는지를 아는 것이다. 아이에 대한 이해는 아이를 수용할 수 있게 하고, 이러한 수용은 아이의 기질이 긍정적인 방향으로 발현되도록 돕는다. 또, 아이의 기질을 이해하면 무지에서 비롯된 잘못된 접근으로 아이에게 의도치 않게 상처를 주는 것을 막을 수 있다.

아이의 기질을 이해하는 것은 식습관 형성 전에 반드시 거쳐야 하는 출발점이다.

새로운 식재료를 거부하는 아이는 입이 짧은 아이?
식사 집중도가 낮은 아이는 버릇이 없는 아이?

새로운 식재료에 대한 거부나 낮은 식사 집중도는 기질에 기반한 것일 수 있다. 오감이 예민해서 새로운 식재료를 거부하는 아이라면, 억지로 먹이기보다 식재료에 익숙해지도록 천천히 반복하여 노출시키는 과정이 필요하다.

자극추구 성향이 높아서 식사 집중도가 낮은 아이는 식사 시간 전에 신체 활동을 충분히 하게 하고, 주도적으로 짧게 식사할 수 있도록 해주어야 한다.

기질은 고쳐야 할 문제가 아니라 이해하고 존중해야 할 아이의 본성이다. 모든 아이가 같은 속도로 자라지 않듯, 모든 아이가 같은 방식으로 식사하지 않는다. 아이의 식습관에 문제가 있다면 이를 교정 대상으로만 보지 말고, 아이의 기질을 먼저 들여다보아야 한다.

아이의 기질을 알면 육아에서 많은 것이 쉬워진다.

부모들은 내 아이를 '잘' 키우고 싶은 공통의 양육목표를 가지고 있다. '잘' 키운다는 의미는 부모의 양육 방식과 가치관에 따라 달라지겠지만, 부모 마음은 다르지 않기에 고민 또한 크게 다르지 않을 것으로 생각한다.

내 아이를 건강한 아이로 키우려면 어떻게 해야 할까?

내 아이를 행복한 아이로 키우려면 어떻게 해야 할까?

내 아이를 똑똑한 아이로 키우려면 어떻게 해야 할까?

내 아이를 정서가 안정된 아이로 키우려면 어떻게 해야 할까?

부모라면 누구나 한 번쯤은 해봤을 이 고민의 시작과 해답은 바로 영유아기의 식습관에 있다. 아이가 잘 먹는 것부터가 심신 건강의 출발점이 되기 때문이다.

영유아 식단을 지도하면서 양육자에게서 가장 많이 듣는 말이 “뭐가 문제냐?” 아니면 “어떻게 고칠 수 있느냐?”다. 하지만 대부분의 경우에 아이의 행동은 전혀 문제가 아니다. 아이에게는 당연하고 자연스러운 행동이, 아이의 기질을 이해하지 못하는 양육자에게는 문제처럼 보일 뿐이다.

양육자의 눈에 자극추구 성향이 높은 아이는 산만하고 식사 집중도가 낮은 아이로 보이고, 정서적 안정이 중요한 아이는 소심하고 예민한 아이로 보인다. 자기주도성이 강한 아이는 고집이 세고 편식이 심한 아이로 느껴지기도 한다.

양육자가 볼 때 그때그때 상황에 따라 아이의 반응이 달라지면 일관성이 없어 보인다. 하지만 사실 아이는 자신의 감정과 타인의 반응 사이에서 갈등하거나 어떻게 행동해야 좋을지 몰라 주저하는 것일 가능성이 높다.

기질을 모르면 이해할 수 없는 행동 혹은 문제 행동처럼 보이던 모습이, 기질을 알면 오히려 자연스럽고 예측 가능한 반응이 된다. 양육자가 아이의 기질에 맞춰 접근한다면 아이가 전혀 다른 반응을 보일 수도 있다.

A 식당에서 바르게 앉아
밥을 먹는 아이

B 소리를 지르며 일부러 웃긴
표정을 지어 시선을 끄는 아이

전혀 달라 보이는 두 아이가 사실은 '인정욕구가 높은' 기질을 동일하게 가졌을 수 있다. A의 경우는 양육자가 아이에게 명확한 목표를 제시해 주고 적절한 자율성을 허용하며, 정서적 지지와 칭찬으로 아이의 높은 인정욕구를 건강하게 충족해 주었을 가능성이 높다. B의 경우는 인정욕구가 높은 아이가 무관심하고 반응이 낮은 양육자의 관심을 끌기 위해 과잉 행동을 하는 것일 수 있다.

인정욕구가 높은 아이가 고압적인 성향의 양육자를 만나면 지나치게 눈치를 보거나, 타인의 평가와 시선을 과하게 의식하는 사람으로 자랄 수도 있다. 누군가는 인정욕구를 성장 및 성취의 동력으로 사용한다. 반면에 누군가는 인정욕구를 채우기 위해 타인의 기대에 부응하려고 스스로를 지나치게 희생하거나, 끊임없이 타인을 의식하며 불필요하게 에너지를 소진하기도 한다.

기질이 같아도 어떤 환경에서 자라는지, 양육자가 어떤 방식으로 반응하는지에 따라 전혀 다른 모습으로 발현될 수 있다.

마찬가지로 식사 집중도가 낮은 것도, 식재료의 질감이나 식감에 예민한 것도, 유독 편식이 심한 것도, 음식을 삼키지 않고 입에 물고만 있는 것도, 기관에서는 밥을 잘 먹는데 집에서는 잘 먹지 않는 것도, 그저 아이의 기질에 따른 것일 뿐 전혀 문제가 되지 않는다.

문제가 아니기에 고치려 하지 말고 환경을 바꿔주어야 한다. 시들한 화분에 무조건 물을 쏟아부으며 다그친다고 해서 살아나는 게 아니듯, 아이에게 억지로 밥 한 숟가락을 더 먹이고 훈육한다고 해서 아이의 식사 행동이 교정되는 것은 아니다. 오히려 양육자의 의도와 달리 아이의 마음에 상처만 남기기 쉽다.

내 아이의 기질을 파악하면 식습관뿐 아니라, 앞으로 육아를 하며 만나게 될 여러 가지 어려움을 피해 갈 수 있고 고민의 강도 또한 낮출 수 있다. 아이의 기질 파악은 육아라는 험난한 여정이 덜 고되도록 도와주는 길잡이가 되어줄 것이다.

해피엔딩일 줄 알았던 육아,
예민보스 둘째에게 산산조각 나다

내 첫 번째 책인 《인생을 바꾼 식사의 기적》이 출간될 무렵, 나는 딸 쌍둥이를 임신 중이었다. 나의 첫 책은 식이장애와 비염, 한포진, 건선 같은 만성 면역질환과 난임으로 오랜 시간 고생하던 내가 식습관 교정을 통해 어떻게 몸과 삶을 회복했는지, 또 어떤 마음으로 식이지도사가 되었는지, 삶의 굴곡 속에서 마침내 찾아온 기적 같은 이야기를 담고 있다.

식사 때문에 고생하고, 의사로부터 임신이 힘들 거라는 말까지 들었던 나의 우여곡절 많은 이야기는 "곧 쌍둥이를 만날 예정이다"라는 말로 끝을 맺었다. 마치 "그 후로 오래도록 행복하게 살았습니다"라는 동화 속 해피엔딩과 같은 결말이었다.

하지만 육아를 경험한 사람이라면 안다. 육아는 결코 해피엔딩으로 막을 내릴 수 없고, 더 깊은 우여곡절과 파란만장의 서막이라는 것을.

다행히 임신 기간 내내 나는 무탈했다. 작은 문제 하나 없었고, 쌍둥이를 임신했음에도 불구하고 컨디션이 좋아 자연분만까지 욕심낼 정도였다. 선둥이가 역아여서 결국 제왕절개로 출산했지만 말이다. 쌍둥이 만삭 기준인 37주**단태아 만삭은 40주**를 일주일 넘겨 첫째는 2.8kg, 둘째는 2.3kg으로 건강하게 태어났다. 둘째가 조금 작았지만 자가호흡이 가능해 신생아집중치료실**NICU: Neonatal Intensive Care Unit**에 들어가지 않았고, 나 역시 회복이 빨랐다.

모든 것이 예상보다 더 순탄했고 나는 그 사실에 감사했다. 조리원에서 보낸 3주 동안 남편은 늘 내 곁을 지켰으며, 양가의 첫 손자이자 첫 조카인 쌍둥이의 탄생에 양가 가족 모두 기꺼이 육아에 도움을 주겠다고 나섰다. 게다가 나는 쌍둥이를 임신하기 전부터 영유아 및 어린이 식이지도를 하고 있었고, 올바른 식습관을 통해 건강한 임신 기간을 보냈다고 자부했기에, 출산 전부터 쌍둥이 이유식에는 아무런 문제도 없으리라 은연중에 기대했다.

다양한 면역질환을 가진 엄마로부터 온 유전적 요인은 피할 수 없겠지만, 쌍둥이에게는 그런 질환이 발현되지 않도록 좋은 식습관으로 얼마든지 도와줄 수 있다고 믿었고 잘 해낼 거라는 자신도 있었다. 모든 게 그저 순탄하고 행복할 것만 같았다.

그것이 엄청난 착각이었다는 걸 깨닫는 데는 그리 오래 걸리지 않았다.

조리원을 퇴소한 바로 그날부터 육아 전쟁이 시작되었다. 조리원에서부터 순둥순둥했던 첫째와 달리 예민했던 둘째는 퇴소 후 매일 오후 6시 반부터 밤 11시가 넘도록 온 힘을 다해 울어댔다.

작은 얼굴이 새빨개지도록, 숨이 넘어갈 것처럼 울었다. 신생아 마녀타임인가 했지만 첫째는 언제나 잠잠했다. 배앓이 때문인가 싶어 젖병 종류를 6번이나 바꾸고, 성장통인가 싶어 온 가족이 돌아가며 날마다 신생아 수영과 마사지를 반복했다.

신생아 울음소리로 영문도 모르는 채 테러를 당하던 이웃들에게, 남편은 틈만 나면 죄송하다는 사과와 함께 간식을 사다 날랐다. 그렇게 한 달쯤 지나자 도우미 이모님도, 친정엄마도, 남편도 모두 지쳐 나가떨어졌다. 결국 남은 건 나와 아이뿐이었다.

내가 꿈꿔온 육아에 이런 장면은 없었다. 이렇게 예민한 아이가 내게 올 거라고는 상상도 못했으니, 당황스럽고 혼란스러웠다. 매일 저녁 온 힘을 다해 울부짖는 아이를 품어줄 사람은 결국 엄마인 나밖에 없었다. 엄마니까 뭐든지 해야 했다.

고민 끝에, 매일 오후 6시부터 둘째를 내 배 위에 올려 재우기 시작했다. 엄마 배 위에서 잠든 아이는 한결 편안해 보였고, 매일 저녁 자지러지는 울음소리를 듣지 않으니 나도 조금은 숨통이 트였다. 그렇게 매일 같이 아이를 품고 저녁 시간을 버티며 울음을 줄이는 데는 성공했지만, 내 몸과 마음은 그만큼 빠르게 소진되고 있었다. 체력은 하루하루 바닥났고, 정신적으로도 점점 지쳐갔다.

그러던 어느 날, 둘째가 목과 상체에 힘이 약해 자꾸만 한쪽으로 기울어지는 모습이 눈에 띄었다. 걱정스러운 마음에 병원을 찾았는데 다행히 큰 문제는 없다는 진단을 받았다. 다만 체구가 작고 근력이 약하다 보니, 상체를 지탱하는 힘이 부족해 한쪽으로 기우뚱하며 힘을 쓰는 패턴이 생긴 거라고 했다. 그때부터 둘째는 몸을 쓰는 법을 배우기 위해 주 1회, 20분씩 10회에 걸친 운동 치료를 처방받았다.

문제는 병원을 오가는 과정과 치료 시간이었다. 둘째는 햇빛이 강하거나 바람이 얼굴을 스치거나 온도가 조금만 달라져도 숨이 넘어갈 듯 울어댔다. 치료실에서도 20분 내내 자지러지게 울었다. 그런데 그렇게 울면서도 선생님이 시키는 동작을 끝까지 해냈다.

둘째는 정말이지 지독하게 예민했고 놀랍도록 고집스러웠다. 돌이켜 보면 쌍둥이는 엄마 뱃속에서부터 달랐다. 초음파 검사 날, 둘째는 끝까지 얼굴을 손으로 가리고 탯줄까지 끌어당겨 감췄다. 성별을 확인할 때도 다리를 꼬고 웅크려 절대 보여주지 않았다.

둘째의 예민함과 고집은 이미 뱃속에서부터 예고된 것이었다. 둘째는 지금도 여전히 쉽지 않은 아이다. 그러나 기질을 공부하면서 둘째의 예민함이 '감정 반응'이 아니라, 자기만의 뚜렷한 주관에서 비롯된 '기준의 강함'이라는 걸 이해하게 되었다. 이로써 아이에게 맞춰 대응할 수 있게 되니 막막했던 순간들이 훨씬 덜 당황스러워졌다.

나는 둘째가 '엄마', '아빠'라는 말을 하자마자 '불편해'라는 단어를 가르쳤다. 아이는 말이 서툴렀기에 '불'이라는 한 글자로만 표현했지만, 그것만으로도 나는 아이가 어떤 상황을 불편해하는지 알아챌 수 있었다. 아이에게도 무작정 울지 않고 자신의 감정을 표현하는 경험을 쌓는 시작점이 되었다. '불편해', '속상해', '서운해', '화나' 같은 감정 표현을 하나씩 익히며, 둘째는 점차 고집스러운 울음보다 말로 감정을 전달하게 되었다.

그리고 이제는 왜 서운한지, 어떤 점이 싫은지, 그리고 엄마가 어떻게 해주면 좋겠는지를 정확히 말할 줄 아는 아이가 되었다. 육아는 지금도 여전히 쉽지 않다. 하지만 아이를 이해하면서 나는 조금씩 덜 무너질 수 있었다.

순둥이 첫째, 너마저!

고슴도치처럼 예민한 둘째에 비해 첫째는 잘 울지 않았고, 시기별 발달 행동도 조용히 완수해 나갔다. 좋고 싫음이 뚜렷해서 원하는 바를 이룰 때까지 울어대는 둘째에게 치일 때마다, 나는 한없이 무던하고 방긋방긋 잘 웃는 첫째를 보며 위안받곤 했다. 첫째는 뭐든 잘 기다려주고 잘 적응하는 그저 순한 아이라고 믿었다.

그러나 그 또한 착각이었다.

생후 6개월, 이유식을 시작한 이후 등장한 복병은 예상과 달리 첫째였다. 처음 시도한 쌀미음을 비교적 잘 먹는 듯 보였지만, 실상은 아니었다. 마음에 안 들면 강한 울음으로 거부하는 둘째와 달리 첫째는 이유식을 입에 머금고만 있거나 딴청을 피우거나, 억지

웃음을 짓거나 헛구역질을 하거나, 손으로 입안을 헤집는 등 소극적인 거부 반응을 참 다양한 방식으로 나타냈다.

첫째는 식재료의 색, 향, 농도, 식감 등 모든 면에서 까다롭게 반응했다. 제 나름대로 힘겹게 한두 숟가락 겨우 받아먹던 이유식도 식감이 달라지면 삼키지 않았다. 결국 생후 10개월이 넘도록 체에 거른 이유식만을 먹여야 했다.

고생해서 만든 이유식을 겨우 한두 숟가락 먹고 끝낼 때면 속에서 천불이 나기도 했지만, 꿋꿋하게 같은 식재료를 반복하여 노출시켰다. 향과 색이 강한 청경채, 브로콜리, 시금치, 비트 등은 입에 넣으려는 시도조차 하지 않았기 때문에 그나마 거부 반응이 적은 애호박, 양배추, 당근을 돌아가면서 계속 노출했다. 이유식에 대한 거부감을 줄이기 위해 단호박, 고구마, 옥수수 등 단맛이 나는 구황작물도 함께 사용했다.

반면, 줄곧 예민하던 둘째는 의외로 이유식에 수월하게 적응했다. 돌고래 소리처럼 높은 톤으로 "멋지다! 대단해!" 하고 칭찬해 주면 보란 듯이 스스로 그릇을 비워냈다. 참 아이러니한 일이었다. 예민하던 둘째가 갑자기 순해지고, 순하던 첫째가 이유식을 계기로 갑자기 예민해진 걸까?

그렇지 않다. 자기주도성이 강한 기질의 둘째는 시간이 지나며 본인이 원하는 바를 말이나 행동으로 점점 더 분명하게 표현했다. 그러면서 신생아 시기의 예민한 반응은 점차 줄어들었다. 그와 반대로 외부 자극에 민감한 기질의 첫째는 이유식 시기를 기점으로 새로운 감각 자극이 많아지자, 점점 더 예민하게 반응하기 시작했다.

우리는 종종 겉으로 드러나는 단편적인 행동만 보고 아이를 '예민하다', '예민하지 않다'로 이분화하려 한다. 하지만 정말 중요한 건 아이마다 예민하게 반응하는 '고유한 지점', 즉 민감한 포인트가 무엇인지 파악하는 것이다.

특히 의사소통 능력이 완전히 발달하지 않은 영유아기에는 울음, 떼쓰기, 고집 같은 비언어적 방식으로 감정을 표현하는 경우가 많다. 그래서 자기주도성이 강한 아이가 때로는 예민한 아이처럼 보일 수도 있고, 감정을 잘 표현하지 않아 순해 보이던 내성적인 아이가 특정한 자극에 매우 예민하게 반응할 수도 있다. 아이를 '예민하다'고 쉽사리 단정하기보다는, 아이가 무엇에 예민하게 반응하는가를 이해하려고 시도하는 것이 먼저다.

아직 말로 표현하지 못하는 아이들은 음식을 먹고 싶지 않거나 불편함을 느낄 때, 몸짓과 표정 같은 비언어적인 신체 행동으로 거부 의사를 드러낸다. 이러한 반응은 소극적 거부와 적극적 거부로 나눌 수 있으며, 상황에 따라 두 가지 반응이 동시에 나타나기도 하고 복합적으로 나타나기도 한다.

아이가 거부 반응을 보인다고 해서 바로 편식이나 문제 행동으로 단정 짓지 말고, 일회성이 아니라 반복적으로 나타나는 식사 반응을 관찰하는 것이 중요하다. 같은 행동이라도 아이의 기질, 신체 컨디션, 식사 환경 등에 따라 그 의미가 달라질 수 있다. 아이가 반복적으로 보내는 작은 신호를 꾸준히 관찰하며, 그 안에서 아이의 감각적 특성과 기질을 이해하는 과정이 반드시 필요하다.

적극적 거부 반응

감각적으로 불편하거나, 이전의 부정적인 식사 경험 때문에 음식 자체 또는 식사 상황에 강하게 저항합니다. 억지로 먹이면 아이의 식사 불안을 악화시킬 수 있으므로 주의해야 합니다.

- 음식 그릇이나 식판을 밀치거나 뒤엎는다
- 몸을 뒤로 젖히거나 의자 뒤로 숨으려고 한다
- 고개를 돌리며 외면한다
- 기침하거나 구역질을 한다
- 입을 꽉 다물고 절대 벌리지 않는다
- 손가락을 쫙 펴거나 팔을 휘젓는다(신체 긴장 반응)
- 몸을 비틀거나 몸부림을 친다
- 음식을 뱉거나 실제로 토한다
- 양손으로 귀를 막는다

소극적 거부 반응

먹고자 하는 의지가 완전히 사라진 것은 아니며, 불편하거나 낯선 감각을 탐색하는 중일 가능성이 있습니다.

- 일부러 음식을 조금씩 흘린다
- 음식을 입에 물고만 있고 삼키지 않는다
- 음식을 일부만 삼키고 나머지는 뱉거나 머금는다
- 시선을 회피하거나 눈을 마주치지 않는다
- 몸을 살짝 흔들거나 시선을 피하며 딴청을 부린다
- 웃거나 장난스러운 표정으로 양육자의 관심을 다른 곳으로 돌린다
- 얼굴을 찡그리거나 눈을 자주 깜빡인다
- 코를 문지르거나 가린다(냄새에 민감할 때)
- 귀나 머리를 만지거나 잡아당긴다
- 표정이 흐릿하거나 무표정하다(좋고 싫은 감정을 드러내지 않음)

타고난 기질을 파악하면
아이의 문제 행동을 이해할 수 있다

예민한 둘째의 수면 습관으로 힘들었던 생후 3개월 무렵, 나는 거의 매일 밤 아이를 배 위에 올려 재우느라 신체적으로나 정신적으로 지쳐 있었다. 어떻게 해야 할지, 무엇이 문제인지 판단할 힘조차 없을 만큼 무기력했다. 그러다가 문득 이런 생각이 들었다.

'왜 둘째만?'

예민한 둘째와 달리 첫째는 비교적 수월했다. 웬만해서는 잘 울지 않았고 울음도 길지 않았다. 처음엔 내가 뭘 몰라서 그런가, 혹은 나의 육아 방식에 뭔가 문제가 있는 걸까 자책했지만 점점 의문이 생겼다.

같은 뱃속에서 같은 영양분을 받고 단 1분 차이로 태어난 쌍둥이인데, 왜 둘째만 이렇게 예민할까?

정말 나의 잘못일까?

누구의 '잘못'이 아니라, 그저 두 아이의 '다름'이지 않을까?

그렇다면 나는 다른 두 아이에게 어떻게 반응해야 할까?

이 아이들이 나에게 보내고 있는 신호는 무엇일까?

고민 끝에 도달한 결론은 단순했다. 달라도 너무 다른 두 아이에게 그간 내가 잘못된 방식으로 접근했다면 방식을 바꾸면 되고, 모르는 것이 있다면 배우면 된다. 그렇게 생각을 정리하니, 무기력했던 마음에서 조금씩 벗어나 앞으로 나아갈 용기가 생겼다.

우선 잠들기도 어렵고, 잠을 오래 이어 자지 못하는 둘째를 위해 수면 컨설팅을 신청했다. 또한, 이유식을 시작한 후 순하던 첫째가 예민해지는 모습을 보며 아이마다 기질에 따라 반응이 다를 수 있음을 실감했다. 같은 자극에도 전혀 다른 반응을 보이는 두 아이를 이해해 보고자, 행동 발달과 기질 이론에 관심을 갖게 되었다. 그리고 이유식 전후로 보이는 오감 반응을 관찰하며 두 아이의 기질 특성을 유추하기 시작했다.

너무나 다른 두 아이를 더 깊이 이해하고 싶었다. 나의 육아가 덜 힘들기를 바랐고, 나의 무지가 아이들을 힘들게 하지 않길 바랐다. 그렇게 시작된 관심은 '영유아 식단 클래스'로 이어졌고, 아이들이 두 돌이 될 즈음 나는 CPA**기질성격분석전문가** 강사 자격을 취득했다.

힘들었던 과거의 나를 위해 식이지도사가 되었던 것처럼, 이번엔 내 아이들을 위해 공부하다 보니 CPA 강사가 되었다. 식이지도사로 활동하고 있던 터라 대형 육아 플랫폼에서 영유아 식단과 기질을 다루는 온라인 클래스를 진행할 수 있었고, 그 덕분에 비교적 짧은 기간 내에 다양한 사례와 데이터를 축적하며 아이들의 기질과 식사 행동을 더 깊이 이해할 수 있었다.

이를 통해 나는 아이들이 기질에 따라 비슷한 식사 행동 패턴을 보인다는 사실을 발견했다. CPA 데이터를 바탕으로, 아이들의 식사 행동 특성을 다음과 같이 크게 네 가지 기질별 유형으로 분류할 수 있었다.

*

우리 아이 기질 파악하기

일러두기

- 본 기질 분류는 CPA 성향 기반 + 식사 행동 관찰 데이터를 토대로 구성한 것입니다.
- 아이의 기질은 여러 특성이 함께 드러나며 복합적으로 나타날 수 있습니다.
- '정답 찾기'나 '유형 맞히기'가 아닌, 아이를 이해하기 위한 출발점으로 활용하세요.

기질 결과, 이렇게 읽어주세요!

1. 타입별 결과 개수가 크게 차이 나지 않을 수도 있어요

아이들은 여러 기질적 특성을 동시에 지닐 수 있기 때문에 한 가지 기질로 명확히 구분되지 않을 수 있습니다. 검사 결과에서 두세 가지 기질이 큰 차이 없이 비슷하게 나타나는 것은 검사 오류가 아니라, 아이의 다층적인 기질 구조를 보여주는 자연스러운 현상입니다.

2. 기질은 그대로, 표현은 달라질 수 있어요

타고난 기질은 아이가 세상을 인식하고 반응하는 근본적인 경향성을 의미하며, 성장하면서도 바뀌지 않습니다. 다만, 발달 수준과 양육 환경에 따라 아이의 표현 방식이 달라질 수 있습니다.

- 현재 시점의 결과: 본 검사는 비언어적 행동(특히 식사 행동 등)을 통해 아이가 자신을 드러내는 초기 발달 단계의 특성을 반영합니다.
- 미래의 변화 가능성: 아이가 성장하면서 언어적 표현과 사회적 경험이 확장되면, 기질적 특성을 조절하거나 새로운 방식으로 드러내게 됩니다. 따라서 시간이 지나 다시 검사를 시행하면, 핵심 기질은 유지되더라도 표현 양상은 달라질 수 있습니다.

A 타입

- □ 탐색 시간이 오래 걸린다
- □ 촉각, 미각, 후각 등 감각 반응이 예민한 편이다
- □ 작은 소리에도 잘 놀라고, 낯선 환경을 접하면 긴장한다
- □ 감정 전이가 빠르며 양육자의 표정, 말투, 분위기에 민감하다
- □ 겁이 많다
- □ 애교가 많고 정서적 표현이 풍부하다
- □ 일정한 생활 루틴을 유지한다
- □ 밥(쌀알)을 거부하거나, 밥만 먹는다
- □ 식감이 질긴 식재료에 민감하다
- □ 밥태기가 잦다
- □ 국물, 소스, 김 등 부드럽고 익숙한 조합을 선호한다
- □ 음식을 입에 물고 있거나, 씹다가 뱉는 행동이 잦다
- □ 식사 중 입에 손을 자주 넣는다
- □ 장난이나 웃음으로 식사를 자주 회피한다
- □ 특정한 시간에 간식이나 음식을 반복해서 요구한다
- □ 음식 온도 등 미세한 변화에 민감하게 반응한다

결과 개

B
타입

- □ 고집이 세고 자기주장이 뚜렷하다
- □ 원하는 것을 얻지 못하면 크게 울거나 떼를 쓴다
- □ 인정욕구가 높고 칭찬에 매우 민감하다
- □ 스스로 하려는 성향이 강하며, 도움을 거절하는 경우도 많다
- □ 때때로 감정이 폭발하거나, 몸으로 감정을 표현한다
- □ 배우고 익히려는 열의가 높고, 포기하지 않으려는 경향이 있다
- □ 자기가 정한 규칙이나 순서를 어기면 예민하게 반응한다
- □ 간섭하면 강하게 반발하는 경우가 있다
- □ 식재료에 대한 호불호가 강하다
- □ 과식하거나, 폭식처럼 몰아 먹는 패턴이 나타나기도 한다
- □ 좋아하는 것부터 다 먹고 다른 음식을 먹기 시작한다
- □ 서툴러도 스스로 먹기를 고집한다
- □ 숟가락에 빨리 관심을 보인다
- □ 음식을 입안에 가득 차게 먹으려고 하거나, 잘 씹지 않고 꿀꺽 삼킨다
- □ 식사 속도가 지나치게 빠르거나 느리다(식사 속도의 편차가 크다)
- □ 기관이나 외부에서 더 잘 먹는 듯 보이기도 한다

결과 　　　　개

C 타입

- ☐ 호기심이 많고 탐색 욕구가 강하다
- ☐ 활동량이 많고, 한자리에 오래 앉아 있지 못한다
- ☐ 말이 많고 표정, 몸짓, 소리 등 표현 수단이 풍부하다
- ☐ 즉흥적이고 충동적인 반응을 보이기도 한다
- ☐ 자극이 부족하면 금세 지루해하며, 집중도가 빠르게 낮아진다
- ☐ 수면 시간이 짧거나 잠드는 데 시간이 오래 걸린다
- ☐ 규칙적인 생활 리듬을 유지하기 어려워한다
- ☐ 새로운 환경이나 자극을 좋아하지만 집중 시간이 짧다
- ☐ 다소 산만해 보인다
- ☐ 먹는 것보다 새로운 자극, 놀이 요소에 더 관심을 보인다
- ☐ 밥태기가 잦고 식사량이 적다
- ☐ 식사 중 장난감, 책, 노래, 미디어 등을 찾는다
- ☐ 식사 중 자리를 자주 벗어나거나, 움직이면서 먹으려 한다
- ☐ 식사에 대한 흥미가 높지 않고 식사량도 일정하지 않다
- ☐ 배고픔이 해소되면 즉시 식사에 흥미를 잃는다
- ☐ 밥을 먹으며 주변을 두리번거리거나, 시선을 잘 빼앗긴다

결과 　　　 개

D 타입

- ☐ 상황과 사람에 따라 반응이 크게 달라져 예측하기 어렵다
- ☐ 실수에 대한 두려움으로 시도 자체를 주저할 때가 있다
- ☐ 겉으로는 순해 보이지만, 고집을 부릴 때는 매우 단호하다
- ☐ '잘하고 싶은 마음'이 크지만 겉으로 잘 표현하지 않는다
- ☐ 실수나 실패 시 양육자의 표정과 말투를 유심히 관찰하고, 민감하게 받아들인다
- ☐ 격려에 크게 반응하고, 지적받으면 쉽게 위축되고 주눅 든다
- ☐ 집에서는 활발하지만, 기관이나 낯선 환경에서는 지나치게 긴장하거나 위축된다
- ☐ 감정 표현이 적지만 내면의 감정 변화는 크다
- ☐ 겉보기에는 덤덤해 보이나, 실제로는 실패에 대한 불안이 크다
- ☐ 속마음을 잘 드러내지 않아 부모가 아이의 감정을 놓치기 쉽다
- ☐ 감정을 스스로 억누르는 경향이 있고, 뒤늦게 터지기도 한다
- ☐ 도움을 요청하기 어려워하고 혼자 해결하려고 한다
- ☐ 정해진 규칙이나 질서가 깨질 때 불안해하거나 혼란스러워한다
- ☐ 타인의 반응과 시선에 민감하고, 식사나 놀이에 영향을 받는다
- ☐ 감정적인 스트레스나 과한 자극을 받으면 식욕이 급격히 떨어진다
- ☐ 낯선 환경에서는 기존에 잘 먹던 음식을 거부하기도 한다

결과 개

결과

A 타입 조심조심 대해 주세요! 말랑 '복숭아'

#관계지향 #정서적 안정감 #오감예민 #감정전이 #강요금지

정서적 안정감과 관계 중심의 유대가 중요한 아이. 낯선 자극이나 변화에 민감하게 반응하며 새로운 식재료나 식감을 접하는 데 소극적이다. 긴 탐색 시간이 필요하고, 양육자의 감정 상태, 표정과 말투에 영향을 많이 받는다.

* '밥을 먹기 싫어서'라기보다는 '감각적으로 불편하거나 낯설어서' 식사를 거부하는 경우가 많아요.
* 억지로 먹이기보다는 신뢰와 안정 속에서 반복적으로 노출할 필요가 있어요.

B 타입 아직은 떫어요! 후숙 시간이 필요한 '단감'

#자기주도 #느린 적응 #독립성 #통제에 대한 강한 거부반응

자신만의 속도와 방식이 뚜렷하며, 외부 간섭 없이 스스로 선택하고 행동하기를 선호하는 아이. 식재료의 호불호가 강하고, 이로 인해 과식이 잦을 수도 있다. 스스로 먹기를 좋아한다면 아이의 속도와 방식을 존중하여 자율성과 선택권을 적절히 주는 것이 좋다.

* 고집이 센 게 아니라 주도성이 강한 것일 수 있음을 이해해 주세요.
* 부모가 강요하고 명령하기보다는 아이에게 자율성과 선택권을 적절히 주고, 이를 존중할 필요가 있어요.

C 타입 더 새콤해도 좋아요! 새콤 '레몬'

#자극추구 #탐색활발 #호기심 #과잉에너지 #낮은 식사집중도

호기심과 에너지가 넘치고 새로운 자극을 좋아하는 아이. 반복적이고 예측 가능한 상황에서는 쉽게 지루함을 느끼며, 식사보다 주변 자극에 더 관심을 보이는 경우가 많다. 식사량의 편차가 크다. 식사에 놀이 요소를 포함하고, 식사 시간을 짧고 흥미롭게 만들어 준다.

* 식사가 단순한 배고픔 해소가 아닌 놀이의 연장선일 수 있어요.
* 아이의 넘치는 호기심과 에너지를 억제하기보다 이해하려는 노력이 필요해요.
* 식사 시간에 미디어, 장난감, 책 등 식사 외 자극은 최소화하세요.
* "앉아서 조용히 먹어야 해"보다는 "집중해서 짧고 즐겁게 먹자" 쪽이 더 효과적이에요.

D 타입 단단한 씨를 품고 있어요! 외유내강 '망고'

#복합민감형 #감정억제 #주도+예민 #비교&지적 금지 #고집단단

조용하고 순해 보이지만, 고집도 있고 자기 기준이 명확하며 타인의 반응에 민감하게 반응하는 아이. 속마음을 표현하기 어려워해서 감정 표현은 적은 편이지만 정서적으로 섬세하다. 실수나 평가에 대한 두려움이 크기 때문에 세심한 배려가 필요하다. 결과보다 과정을 칭찬해 준다.

* 실수해도 괜찮다는 분위기를 만들어 주세요. 그러지 않으면 도전 자체를 회피할 수 있어요.
* 식사 중 격려는 큰 힘이 되지만, 비교나 지적은 감정적인 위축으로 이어질 수 있어요.
* 정서적 안정과 과정 중심의 인정 및 칭찬이 필요해요.

각자 다른 기질로 한 식탁에 앉는다는 것

영유아 식단 컨설팅을 하다 보면 유독 자주 마주하는 조합이 있다. 바로 '단감 아이 + 단감 엄마', '레몬 아이 + 복숭아 엄마'의 조합이다.

단감 엄마는 대개 명확한 기준 아래 결과 중심으로 사고하는 양육자다. 목표 설정이 분명하고 노력에는 반드시 결과가 따르기를 기대한다. 이런 엄마가 단감 아이를 키우게 되면, 기준이 확고한 엄마와 주관이 뚜렷한 아이 사이에 반복적인 충돌이 생긴다. 엄마는 자신이 옳다고 믿는 기준에 아이를 맞추려 하고, 아이는 그에 저항하며 자기 방식을 지키려 더 강하게 버틴다.

결국 이러한 긴장은 식탁 위 갈등을 극대화하거나, 아이가 식사 자체를 거부하는 결과로 이어지기도 한다.

두 번째로 자주 만나는 조합은 레몬 아이와 복숭아 엄마다.

호기심 많은 레몬 아이는 반복과 규칙을 지루해하며 새롭고 재미있는 것을 찾아 움직인다. 반면, 복숭아 엄마는 조용하고 예측 가능한 흐름 속에서 안정감을 느낀다. 항상 같은 시간, 같은 자리에 앉아 비슷한 양을 차분하게 먹는 아이를 기대하는 엄마에게, 식탁에서 벗어나 노래를 부르며 장난감을 찾는 아이는 감당하기 어려운 시련으로 느껴질 수밖에 없다.

이처럼 기질의 차이는 단순한 '다름'을 넘어 식탁 위 긴장과 갈등의 원인이 되기도 한다. 가족 구성원 각자의 기질이 너무 달라 서로를 이해하기 어려운 경우, 상황은 훨씬 더 복잡해진다. 특히 기억에 남는 사례가 있는데 복숭아 아이, 복숭아 엄마 그리고 단감 아빠로 이루어진 가정이었다.

아이는 오감이 예민하고 낯선 식재료에 민감한 복숭아 기질이었고, 엄마 역시 조심스럽고 섬세한 복숭아 기질이었다. 엄마는 아이를 이해하면서도, 아빠와 갈등을 겪고 싶지 않아 식사 지도에서 한발 물러나 있었다.

엄마의 자리를 대신한 단감 기질의 아빠는 '편식은 반드시 고쳐야 하는 문제'라며, 우는 아이의 입에 억지로 음식을 밀어 넣거나 다 먹을 때까지 유아용 식탁 의자에서 내려오지 못하게 하는 등 단호한 태도로 일관했다. 아빠와 함께하는 식사 시간은 늘 아이가 눈물, 콧물, 땀으로 범벅이 되어야 끝났다. 그 결과 아이에게 식사 시간은 가족이 함께하는 따뜻한 시간이 아니라, 두렵고 공포스러운 시간으로 굳어져 갔다. 실제로 아이는 식사 시간이 길어지면 손으로 입이나 얼굴을 가리거나, 머리를 잡아 뜯기도 했다.

이 가족의 컨설팅은 기질 검사와 1회 피드백까지만 진행된 후 더 이상 이어지지 않았다. 아빠는 사람마다 기질에 차이가 있다는 점을 전혀 이해하지 못했고, 무기력과 우울감에 시달리던 엄마에게는 그런 아빠를 설득하거나 맞설 자신이 없었기 때문이다. 결국 이 가족은 변화의 첫걸음 앞에서 멈춰 설 수밖에 없었다. 달라질 수 있었음에도 양육자의 심리적 한계로 인해 중단된 안타까운 사례였다.

나는 식습관 컨설팅을 할 때 기질을 '알게 하는 것'보다, 왜 그렇게 반응할 수밖에 없었는지를 '이해하게 하는 것'에 더 많은 시간을 쓴다. 식습관 컨설팅의 목적은 부모의 기준에 맞춰 아이를 바꾸는 것이 아니다. 오히려 부모가 아이의 기질과 행동 반응을 이해하고, 아이를 무조건 바꾸려 들지 않게 하는 것이 컨설팅의 진짜 목적이다. 아이의 기질과 행동 반응을 이해하면 같은 상황에서 분명 다르게 반응하게 된다.

복숭아 아이와 단감 아이 사이에서 단감 엄마로 산다는 것

아이를 낳고 키운다는 건, 단순히 아이를 보살피는 일이 아니라 타인을 완전히 이해하는 일이었다. 게다가 쌍둥이 엄마인 나는 이해해야 할 사람을 한꺼번에 둘이나 만났다. 한 아이는 말랑한 복숭아였고, 다른 한 아이는 나를 꼭 닮은 단단한 단감이었다. 감정에 민감한 복숭아 기질의 첫째는 내 표정 하나, 목소리 톤 하나에도 마음이 흔들렸다. 조금만 단호한 태도를 취해도 입을 삐죽이며 눈빛이 일렁이기 일쑤였다. 금세 주눅이 드는 첫째를 마주할 때마다 나는 '저 아이에게 내 말투와 에너지가 너무 무겁지는 않은가' 하며 자꾸만 스스로를 돌아보게 되었다. 여리고 상처 입기 쉬운 첫째에게 나는 늘 매정한 엄마였다.

그와 반대로 단감인 둘째는 나와 닮았다. 자기 생각이 분명하고 하고 싶은 게 뚜렷하다 보니, 고집을 꺾으려 하거나 통제하려고 하면 더더욱 강하게 반응했다. 나는 통제하려 들고 둘째는 그럴수록 더욱 강하게 저항하니, 감정적으로 부딪히는 일이 잦을 수밖에 없었다. 둘째와 나는 둘 다 너무 단단해서 서로에게 벽이 되고 있었다.

한 아이는 나와 너무 달라서 어려웠고, 한 아이는 나와 너무 닮아서 어려웠다. 한 계절은 아이들을 이해할 수 없어 힘들었고, 또 한 계절은 아이들을 이해하려고 부단히 애쓰느라 힘들었다. 그 시간들을 지나며 깨달은 것은 아이들을 내 방식대로 바꾸려고 하거나 아이들에게 맞춰 내가 전부 바뀌려 애쓰기보다, 아이와 나의 다름을 인정하고 그 안에서 엄마로 사는 법을 배워야 한다는 것이었다.

이제는 물줄기가 강할수록 막아서 멈추려 하지 말고 흘려보내야 한다는 걸 안다. 나와 닮은 단감 기질의 아이에게는 한 걸음 물러서서 자율성과 선택권을 주어야 하고, 복숭아 기질의 아이에게는 '가르치려는 말'(단호함)보다 '마음을 먼저 알아주는 말'(공감)이 필요하다는 것을 말이다.

이것은 단순히 '아이의 기질을 알아야 밥을 잘 먹일 수 있다'는 이야기가 아니다. 기질을 통해 아이를 이해할 필요가 있다는 말이다. 나와 아이의 다름을 알고 인정하면, 식탁은 아이를 고치는 자리가 아니라 아이를 이해하는 자리가 된다. 그리고 그렇게 될 때 비로소 아이는 그 자리에서 훨씬 덜 아프고, 덜 힘들어진다.

아이를 이해한다는 것이
'아이 마음을 읽어주는 것'은 아니다

지금은 한풀 꺾였지만, 육아서나 미디어에서 "그랬구나, 속상했구나, 먹기 싫었구나"처럼 마음을 읽고 공감하는 문장을 강조하며 아이의 감정을 먼저 읽고 말로 표현해 주는 것을 좋은 양육 방법으로 한창 소개한 적이 있다.

그러나 나는 그때도 조금 다르게 생각했다. 아이를 이해한다는 건 아이의 마음을 미리 읽고 감싸주는 것이 아니다. 아이의 기질을 정확히 파악하고, 그 안에서 아이의 행동을 해석하여 그에 맞는 방식으로 반응하는 것이 진짜 '이해'다.

우리 쌍둥이만 봐도 그렇다. 첫째는 복숭아 기질이다. 감각이 예민하고, 감정 전이가 빠르며, 작은 일에도 쉽게 마음이 흔들린다. 밥을 먹다가도 뭔가 마음에 걸리면 숟가락을 내려놓고는 조용히 시선을 피한다. 이럴 때 "그랬구나, 속상했구나" 하고 공감해 주면, 스스로 잘 추스르다가도 오히려 더 크게 울음을 터뜨리곤 한다. 그 한마디가 아이의 감정을 더 선명하게 만들고 '의식'하게 했기 때문이다.

반면 둘째는 단감 기질이다. 자기주도성이 강하고, 스스로 결정하고 주도하는 데서 힘을 느낀다. 그런데 상황에 대한 명확한 설명 없이 "엄마가 이렇게 해서 서운했구나"라고 감정 언어만을 건네면, 아이는 상황의 주도권을 쥐기 위해 "그러니까 엄마 때문에 더 안 먹을 거야!"라는 식으로 반응하기도 한다.

기질의 차이는 뚜렷하다. 복숭아 기질은 감정에 쉽게 스며들며 그 감정을 돌봄받고 싶은 욕구가 강하고, 단감 기질은 자기 의지가 존중받을 때 마음이 열린다. 아이의 감정을 수용해 줘야 하는 건 맞지만 무턱대고 매번 똑같은 방식으로 공감해 주면, 오히려 아이의 감정을 더 강하게 자극하거나 고집을 더 단단하게 만드는 결과가 생기기도 한다.

그래서 나는 마음을 읽는 것보다 기질을 이해하는 양육을 지지한다. 기질은 아이를 구분 짓기 위한 게 아니라, 아이에게 어떤 방식으로 반응해야 할지 올바른 방향을 알려주는 이정표이기 때문이다.

우리 아이는 먹는 데 진짜 관심이 없어요!

일의 특성상, 아이가 많이 먹어 고민인 부모보다 아이가 먹지 않아 고민인 부모를 더 자주 만난다. 그러다 보니 "우리 아이는 기질과 별개로 진짜 식욕이 없어요", "우리 아이는 음식에 전혀 관심이 없어요"라는 말을 많이 듣는다.

그런데 정말 식욕이 없는 아이가 있을까?

식욕은 생존 본능으로 누구나 갖고 태어난다. 이제 막 태어난 아기가 배우지 않아도 자연스럽게 젖을 빠는 것처럼, 식욕은 사람이 살기 위한 가장 기본적인 생리적 반응이다.

물론 타고나기를 먹는 양이 많은 아이도 있고 적은 아이도 있다. 타고난 위장 활동성이 약해서 많은 양을 먹지 못하는 '소식형'

아이는 엄마가 볼 때 걱정스러울 수 있다. 그러나 적게 먹더라도 아이가 본인에게 맞는 양을 주도적으로 먹는다면 문제가 되지 않는다.

식욕이 없다거나 음식에 관심이 없다는 아이들을 자세히 들여다보면, 단순히 먹는 양이 적은 게 아니라 그 적은 양조차도 '주도적으로 먹지 않는' 경우가 대부분이다. 핵심은 '양'이 아니라 '주도성'이다. 아이가 자기 욕구를 표현하고, 원하는 만큼 먹고 멈출 수 있어야 한다는 뜻이다.

그렇다면 아이들은 왜 주도적으로 먹지 못할까?

이 질문에 답하려면 역시 아이의 기질을 먼저 이해해야 한다. 감각 자극에 민감한 복숭아 기질인 아이의 경우, 먹고는 싶지만 낯선 식감이 불편해서 먹지 않을 수도 있다. 자기주도성이 강한 단감 기질인 아이의 경우, 식사 시간에 자율성이나 자기주도성 없이 양육자가 통제하려고만 해서 먹지 않으려 할 수도 있다. 호기심 강한 레몬 기질인 아이는 딱딱한 분위기의 식사 시간에 흥미를 느끼지 못해 식사를 짧게 끝내려고 하기도 한다.

그러니 잘 먹는 아이로 키우고 싶다면, 아이가 잘 먹을 수 있는 환경을 만들어주는 것이 먼저다. 식사주도성은 가르치는 게 아니라 내재되어 있던 것을 꺼내주는 것임을 알아야 한다.

양육자인 당신은 어떤 사람인가요?

영유아 식단 컨설팅을 하다 보면, 많은 양육자들이 아이의 행동을 곧 아이의 문제로 인식하곤 한다. 소심해서, 산만해서, 입이 짧아서, 예민해서, 고집이 세서. 아이가 왜 그렇게 행동하는지 이해하려 하기보다는, 그 행동을 어떻게 고쳐야 할지에 초점을 맞추는 경우가 더 많다. 문제가 아닌데도 문제처럼 다룬다.

영유아 식단 컨설팅 초기에 나는 양육자가 작성한 텍스트 기록을 중심으로 상담을 진행했다. 그런데 상담을 거듭할수록 엄마의 시선이 객관적이지 않을 수 있음을 알게 되었다. 엄마 자신에 대한 정보도, 아이에 대한 정보도 마찬가지였다.

그 뒤로는 영상 기록을 함께 요청했다. 영상에는 텍스트에 나타나지 않은 명확한 원인이 담겨 있었다. 어떤 엄마는 "저는 아이에게 맞춰주려고 해요"라고 말했지만, 영상에서는 아이가 강하게 거부해도 계속 먹이려는 행동을 반복했다. 아이의 반응을 알아채고도 수용하지 않았다.

반대로 "저는 좀 단호하게 지도하려고 해요"라고 말했던 엄마는 시작은 단호했지만, 결국 아이의 뜻에 맞춰주며 전혀 주도권을 쥐지 못하는 모습을 반복적으로 보였다.

아이를 가장 잘 알고 가장 가까이에서 지켜보는 사람은 분명 엄마다. 하지만 그렇기 때문에 엄마의 시선이 왜곡될 가능성이 가장 높다. 이 사실을 파악한 후에는 더 이상 엄마가 제공하는 텍스트 기록만을 믿지 않게 되었다.

아이의 문제가 되는 식사 행동의 원인을 파악하고 바로잡으려면, 아이의 반응과 양육자의 태도를 객관적으로 함께 살펴봐야 한다. 그간 컨설팅을 하며 양육자의 태도와 식사를 이끌어가는 방식에 따라, 같은 아이인데도 식사 분위기와 반응이 완전히 달라지는 모습을 수없이 봐왔다. 아이를 바꾸기 위한 첫걸음은 양육자가 스스로를 돌아보는 것에서 시작된다. 부모가 자신을 먼저 알아차려야 아이의 식사도 조금씩 달라진다.

앞서 아이들의 기질을 네 가지 유형으로 나누었는데, 기질에는 좋고 나쁨이 없다. 기질마다 강점도 있고 약점도 있을 뿐이다.

오히려 양육자의 식사 지도 방식으로 인해 식사 자리에서 갈등이 커지거나, 아이가 식사 자체에 부정적인 감정을 갖게 되는 경우가 많다. 미국의 아동심리학자 다이애나 바움린드Diana Baumrind는 '반응성'과 '통제성'의 정도에 따라 권위 있는 부모, 권위주의적인 부모, 허용적인 부모, 방임적인 부모의 네 가지 유형으로 양육자의 태도를 구분했다.

실제로 내가 상담해 온 많은 양육자들의 사례를 떠올려 보면, 문제를 일으키는 원인은 아이의 기질 자체보다는 양육자의 태도와 식사 지도 방식이었다. 아이의 식습관을 바꾸고 싶다면, 아이를 바꾸려 하기보다 양육자인 '나'를 돌아보는 것이 더 좋은 시작이 될 수 있다.

부모 자기진단 체크리스트

일러두기

- 본 체크리스트는 부모의 식사 지도 경향을 스스로 점검하기 위한 자료입니다.
- 결과는 절대적이지 않으며, 시기와 상황에 따라 달라질 수 있습니다.
- 현시점의 결과가 부모의 모든 역량을 나타내지는 않습니다.

A 타입

☐ 아이가 식사 도중 싫어하거나 힘들어하면 수용하려고 노력한다

☐ 아이가 식사 규칙을 이해하고 받아들일 수 있게 설명하고 설득한다

☐ 식사 예절이나 식사 시간을 일관되게 유지하려고 노력한다

☐ 하루 한 끼 이상은 아이와 함께 식사하려고 한다

☐ 아이가 새로운 식재료에 익숙해지도록 반복적으로 노출한다

☐ 아이의 식사 속도나 반응을 존중하되, 식사 지도를 일관되게 하려고 노력한다

☐ 식사 규칙은 있으나, 식사 시간을 편안한 분위기로 이끈다

결과 개

B 타입

☐ "안 먹으면 혼나", "먹기 싫어도 먹어야 해" 같은 말을 자주 한다

☐ 아이가 식사를 거부하면 마음이 조급해지거나 화가 난다

☐ 아이의 반응보다 정해 둔 식사 방식이나 규칙을 더 우선시하는 경향이 있다

□ 아이의 반응보다, 정해진 양을 다 먹는 것이 더 중요하게 느껴질 때가 있다

□ 식사 시간에 칭찬이나 격려보다 주의, 훈육 중심의 피드백을 더 많이 하는 편이다

□ 아이의 식사 행동을 지적하고 교정하려는 경향이 있다

□ 배고프지 않다는 아이의 표현을 수용하지 않고, 설득하거나 더 먹이려고 한다

결과 개

C 타입

□ 아이가 먹기 싫다고 하면, 금방 식사를 마무리하거나 메뉴를 바꾸는 일이 종종 있다

□ 좋아하는 음식만 반복적으로 주는 경우가 많다

□ 장난감, 미디어, 책 등을 활용하지 않으면 식사 지도가 어려운 편이다

□ '어차피 잘 안 먹으니까' 식사 준비나 지도에 소극적일 때가 있다

□ 식사 규칙을 정했지만, 실천하지 못할 때가 더 많다

□ 식사 거부를 막기 위해 보상(간식, 장난감 등)을 제시하는 일이 잦다

□ 식사 행동을 지도하기보다는 갈등을 피하는 쪽을 택한다

결과 개

D 타입

- □ 아이와 함께 식사하지 않는 경우가 많다
- □ 아이의 식사 시간이 일정하지 않다
- □ 나의 수면, 생활 리듬도 불규칙하다
- □ 육체적·정서적으로 지쳐 아이의 식사에 집중하기 어려운 날이 많다
- □ 식사 시간에 아이와 눈을 마주치거나 대화를 나누지 않는 편이다
- □ 아이의 식사 반응에 일관성 있게 대응하지 못할 때가 많다
- □ 식사 지도의 방향이나 기준을 아직 정하지 못한 상태다

결과 개

결과

A 타입 권위 있는 부모(Authoritative Parenting)

#높은 통제 #높은 반응

가장 이상적인 양육 유형으로 평가되며, 식사 시간에 적절한 지침과 따뜻한 반응 사이의 균형을 잘 유지하는 편입니다. 아이와 함께 식사하며, 소통을 기반으로 식사를 지도합니다. 아이의 거부 반응을 수용하는 등 아이의 신호에 민감하게 반응하면서도, 일관된 규칙을 제시하여 아이가 스스로 식사 습관을 형성하도록 돕습니다. 장기적으로 건강하고 안정적인 식습관 형성이 가능한 유형입니다.

* 아이의 기질을 잘 이해하고 식사 지도에 잘 적용하고 있어요.
* 아이의 반응을 존중하면서도 일관된 구조를 유지하는 지금의 태도는 건강한 식습관을 형성하는 데 큰 도움이 됩니다.

* 아이가 성장하면서 표현 방식이나 반응이 달라질 수 있으므로, 지금처럼 따뜻한 수용에 더해 상황에 맞는 유연함을 갖추는 것도 중요합니다.
* 특히 작은 변화에 민감한 아이일수록, 일관되고 안정적인 식사 분위기가 큰 힘이 됩니다.

B 타입 권위주의적인 부모(Authoritarian Parenting)

#높은 통제 #낮은 반응

부모의 기준과 방식을 일방적으로 강요하는 유형으로, 무의식중에 이 유형에 가깝게 식사 지도를 하는 양육자가 많습니다. "먹어. 빨리 삼켜" 같은 강요나 "너 그거 다 안 먹으면 혼날 줄 알아. 도깨비가 잡아갈 거야"처럼 명령이나 협박성 말투를 쓰고, "이거 다 먹으면 과자 줄게" 등의 부적절한 보상을 제시하며 먹이려는 경우가 많습니다.
이 경우, 단기적으로는 아이가 먹는 것처럼 보일 수 있으나 실제로는 눈치를 보며 억지로 먹는 상황이 반복되기 쉽습니다. 그 결과 아이가 식재료보다 식사 시간 자체에 거부감을 느끼게 될 수도 있어요. 특히 오감이 예민하거나 감정 전이가 빠른 아이(복숭아 기질)의 경우에는 이런 양육 방식이 갈등으로 이어지기 쉽고, 아이의 불안을 자극하는 요인이 됩니다.

* 조금만 시선을 바꾸면 아이의 식사 행동을 다른 눈으로 볼 수 있어요.
* 단기적으로 '잘 먹는 것'보다 중요한 건 식사에 대한 좋은 기억과 신뢰예요.
* 아이가 식사를 통해 자신이 존중받는다고 느끼는 경험이 쌓이면, 비록 시간이 걸리더라도 스스로 먹는 힘이 생겨요.
* "왜 이렇게 안 먹지?"보다는 "지금 이 반응은 어떤 감각이나 기분 때문일까?"라고 아이에게 한 번 더 물어보세요. 아이의 예민함은 잘못이 아니라 '신호'입니다.

C 타입 허용적인 부모(Permissive/Indulgent Parenting)

#낮은 통제 #높은 반응

아이의 욕구에 민감하게 반응하지만, 식사 지도나 훈육의 경계가 모호한 경우에 해당합니다.

아이가 먹기 싫다고 하면 바로 식사를 중단하거나, 좋아하는 음식만 제공하는 방식으로 식사 상황을 조율하기도 합니다. 단기적으로는 갈등이 적어 보일 수 있지만 결과적으로 아이가 식사 예절, 규칙, 자기조절 능력을 익힐 기회를 놓치는 경우가 많습니다.

특히 자극추구 성향이 높은(레몬 기질) 아이와 이 유형의 부모가 만나면 식사 집중도 저하, 편식, 미디어 의존 등 문제가 더 뚜렷해질 수 있습니다. 아이에게 식사는 금세 지루해지는 활동이 되며, 식사보다 장난감, 책, 영상 등 외부 자극을 더 찾는 패턴이 자연스럽게 굳어집니다.

* 아이의 감정을 잘 읽고 따뜻하게 수용해 주는 점은 분명 큰 장점입니다.
* 다만, 감정 수용만으로는 식사 리듬이나 습관이 자연스럽게 자리 잡기 어려울 수 있어요.
* 아이의 자율성을 존중하되, 식사라는 하루 루틴 안에서 작은 규칙과 일관된 구조를 함께 만들어 주세요.
* 이 과정은 아이의 정서적 안정감과 자기조절 능력을 키우는 데 중요한 기반이 됩니다.

D 타입 방임적인 부모(Neglectful/Uninvolved Parenting)

#낮은 통제 #낮은 반응

아이의 식사에 관심이 적거나, 정서적 또는 물리적 여유가 부족한 상황에서 나타나는 경우가 많습니다. 의도적인 방임이라기보다는 양육자가 지치거나, 우울감을 느낄 때 흔히 발생하는 유형입니다. 식사 시간에도 아이와의 상호작용이 거의 없고 식사 환경, 규칙, 리듬이 매우 불규칙한 경향이 있습니다.

인정욕구가 높은 기질(단감, 망고 기질)의 아이에게는 매우 불안정한 식사 환경으로 인식되어 식욕 저하, 감정 위축으로 이어질 수 있습니다.

* 지금은 양육자인 나 자신을 먼저 돌보는 것이 가장 필요한 시기일 수 있어요.
* 양육 스트레스나 정서적 소진이 누적된 상태에서는 아무리 좋은 식사 지도 방식도 지속하기 어렵고, 아이의 신호를 세심하게 알아차리기도 힘들어요.
* 아이에게 정말 필요한 것은 부모의 자책이나 완벽함에 대한 압박이 아니라, 정서적으로 따뜻하고 안정된 부모와의 동행이라는 점을 기억하세요.

2부

건강한 식습관이 단단한 아이를 만든다

다양한 면역질환을 지닌 엄마에게서 태어난 쌍둥이

생후 6개월, 면역저하기에 발현한 아토피

쌍둥이가 만 4세가 가까워오는 지금도 내가 쌍둥이 엄마라는 사실이 가끔 낯설게 느껴진다. 건강하고 무탈하게 자라는 두 아이를 바라볼 때면, 안도감과 함께 어디선가 불쑥 낯선 감정이 치밀어오른다.

그 감정이 처음 시작된 건, 아마도 병원에서 임신이 어려울 거란 이야기를 들었던 스물일곱의 어느 날부터였던 것 같다. 천식, 한포진, 건선, 비염, 다낭성 난소 증후군, 갑상샘갑상선 기능 저하. 이 질환들을 다 가진 것으로도 부족해 기어코 임신이 어렵겠다는 말까지 들었던 그날.

'혹시 아기가 생겨도 건강하긴 어렵겠구나' 하고 막연한 걱정까지 들었던 날이었다. 그 걱정은 곧 불안으로 바뀌었고, 그 불안은 생각보다 오래도록 임신과 출산을 주저하게 하는 장애물이 되었다. 잘못된 식습관과 다양한 면역질환으로 인해 살고 싶지 않았던 20대를 꾸역꾸역 살아내고서, 오롯이 마주한 30대의 나는 과거와 달리 꽤나 건강했다.

그러나 몸은 건강해졌지만, 스물일곱 때 마음 한편에 자리 잡았던 불안은 그대로였다. 일이 바쁘다는 핑계를 방패 삼아 임신을 미루며 불안을 회피하던 서른셋의 나에게 찾아온 쌍둥이. 초음파로 쌍둥이를 처음 보던 날, 나는 더 이상 회피하지 않기로 했다.

그리고 내가 가장 잘하는 방식인 '식단으로 건강해지기'를 시작했다. 물처럼 마시던 하루 세네 잔의 커피를 끊고, 불필요한 가공식품을 줄이는 등 다른 사람의 식단을 지도하느라 다소 소홀했던 내 식단을 다시 정성껏 관리했다.

쌍둥이를 품었던 열 달은 내 인생에서 가장 건강했던 시기였다. 말 그대로 아무 탈 없이, 내 몸과 마음은 오히려 그 어느 때보다도 안정적이었다. 임신이 그토록 힘들고 고단한 과정이라는 말이 전혀 와닿지 않을 만큼 무탈했다. 나는 그 무탈한 시간을 기쁘고 감사하게 보냈고 아이들도 건강하게 태어났다. 예민한 둘째의 육아가 쉽지 않았지만 건강하게 태어난 것만으로도 감사하고 기뻤다.

그런데 쌍둥이가 생후 6개월을 지날 때쯤 상황은 달라졌다. 생후 6개월은 면역력이 한 번 꺾이는 시기다. 모체에서 받은 항체 효과가 사라지고, 이유식을 시작하며 다양한 식재료를 접하는 이 시기는 면역의 첫 번째 시험대라고 할 수 있다.

첫째는 기다렸다는 듯이 아토피 진단을 받았다. 처음엔 침독인가 싶었다. 아니, 침독이길 바랐다. 하지만 증상은 점점 더 심해졌고, 감각이 예민한 첫째는 이유식마저 힘들어했다. 어떻게든 잘 먹이고 싶은 마음과 점점 심해지는 피부 반응은 나를 조급하게 만들었고, 아이는 점점 더 식사를 거부했다.

생후 8개월 무렵에는 상황이 더욱 악화되었다. 스테로이드 연고도 효과가 없을 정도로 첫째의 피부 상태는 더 나빠졌고, 중기 이유식으로 넘어가야 할 시기임에도 음식 알갱이에 잘 적응하지 못해 이유식 진전은 더뎠다. 감각이 예민한 첫째에게는 먹고 바르고 만지는 모든 것이 도전이었고, 나에게는 하루하루가 인내를 시험하는 나날이었다.

어떤 날은 한 숟가락도 먹지 않았고, 어떤 날은 손끝으로 살짝 만져보는 게 전부였다. 어떤 날은 헛구역질을 하며 강하게 거부할 때도 있었고, 드물게 운 좋은 어떤 날은 기분 좋게 몇 숟가락을 먹기도 했다.

아이의 반응은 매번 달랐지만 나는 멈추지 않았다. 매일 아이에게 식재료를 노출하고, 과일과 채소를 직접 만지며 탐색하게 했다. 생후 9개월이 지나면서 아주 조금씩 변화의 기미가 보이기 시작했다. 식재료를 만지는 것조차 거부하던 첫째가 주도적으로 식재료를 탐색하는 날이 늘어났고, 조심스레 입으로 가져가는 횟수 또한 많아졌다. 아이는 자신만의 속도로 식사에 적응해 갔다. 그리고 그 뒤로 놀라울 만큼 빠르게 식사량이 늘었다.

침독과 아토피, 어떻게 구별하나요?

아이의 입 주변, 턱 아래, 목에 붉은 발진이 생기면 아토피일까 봐 걱정하곤 합니다. 그러나 생후 4~10개월경, 침을 많이 흘리는 시기의 아이들에게는 침독 또한 흔하게 나타나며, 아토피와는 그 원인과 양상이 다릅니다.
침독은 침 속 효소나 음식물 찌꺼기의 자극을 받아 생기는 접촉성 피부염으로, 주로 입 주변과 목주름에 국한됩니다. 침 흘리는 것이 줄어들거나 피부를 잘 보호하면 빠르게 호전되지요.
반면, 아토피 피부염은 피부 장벽의 선천적 약화와 면역 이상이 겹친 만성 염증 질환입니다. 볼, 이마, 팔다리 바깥쪽처럼 침 접촉과 무관한 부위에 대칭적 발진으로 나타나며, 심한 건조와 가려움, 반복적으로 악화되거나 호전되는 것이 특징으로 장기적인 관리가 필요합니다.

구분	침독	아토피
원인	침, 음식물 자극	면역 저하, 피부 장벽 약화
시기	생후 4~10개월 무렵	생후 2~6개월 무렵
부위	입가, 턱, 목주름	볼, 이마, 팔다리 등 전신
증상	붉어짐, 오돌토돌한 돌기, 습한 발진	건조, 심한 가려움, 각질, 진물
패턴	침 흘림과 함께 발생, 국소적	대칭성 발진, 전신 확산 가능
회복	침 자극 차단 시 빠르게 호전	만성질환, 악화와 호전을 반복

생후 10개월 무렵, 첫째의 아토피 증상은 눈에 띄게 호전되었다. 거부하던 이유식은 어느새 편안한 식사로 자리 잡았고, 불안정했던 피부 상태도 훨씬 안정되어 갔다. 그때 확신했다.

'이 아이의 몸은 식사와 함께 회복되고 있구나.'

물론 아토피는 언제든 다시 나타날 수 있다.

하지만 나는 안다. 면역질환을 단번에 낫게 하는 방법은 없지만, 꾸준한 식습관 관리로 차츰 회복할 수 있다는 것을. 스테로이드 연고 하나에 모든 걸 맡기지도, 자연치료만 고집하지도 않는다. 지금은 아이도 나도 무리하지 않는 선에서 건강한 식습관을 유지하고, 아이의 피부 반응 하나하나에 신경 쓰며 우리 가족만의 속도로 회복과 성장에 집중하고 있다.

되돌아보면, 아이가 건강하게 태어났다고 해서 육아의 모든 여정이 순탄한 건 아니었다. 하지만 이유식을 통해 여러 가지를 배우고, 식습관 관리로 아토피에서 회복하는 아이를 보며 '잘 먹는다는

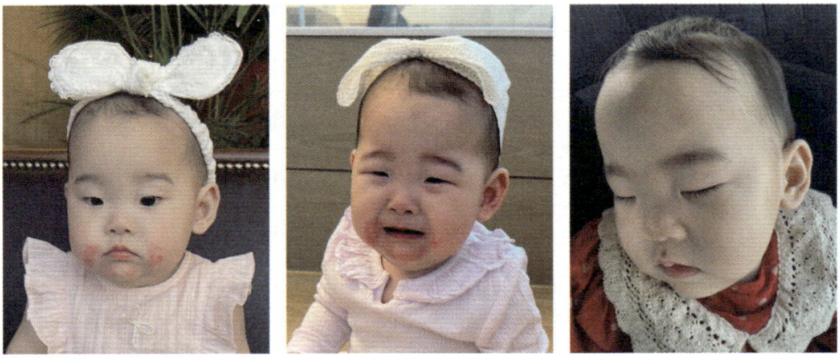

생후 6개월부터 첫째에게 나타난 아토피(왼쪽, 가운데)는 식습관을 관리하면서 눈에 띄게 호전되었다(오른쪽).

것'은 단순한 성장의 문제가 아니라는 걸 깨달았다. 식사는 아이가 스스로 몸을 회복하고, 삶에 적응해 나가는 아주 중요한 과정이다. 나는 오늘도 쌍둥이와 그 과정을 함께하고 있다.

그리고 그 길 위에서 우리는 또다시 함께 배우며, 날마다 단단해지고 있다.

가공식품과 가당식품을 조심해야 하는 이유

면역질환, 성조숙증, 소아비만, 성장지연, 수면장애

비염, 아토피 같은 면역질환부터 성조숙증, 소아비만, 수면장애까지. 예전엔 드물었던 증상들이 요즘 아이들에게는 너무 흔한 문제가 되어버렸다. 단순히 체질이나 유전 탓만으로는 설명할 수 없는 변화다. 그 배경에는 식사 환경의 변화, 특히 가공식품과 고당 식사 패턴이 자리하고 있다.

아토피 등 면역질환의 증가

아토피 피부염, 알레르기 비염, 천식 등은 대표적인 알레르기성 면역질환이다. 이 질환들은 선천적인 유전적 요인과 함께 후천적인 면역 불균형과 염증 유도 환경이 복합적으로 작용해 발생한다.

특히 문제는 '저강도로 지속되는 염증 상태'다. 염증은 외부 자극에 대한 방어 반응이지만, 회복 없이 잦은 자극이 반복되면 면역체계가 과민해진다. 가공식품에 들어 있는 정제 탄수화물, 트랜스지방, 인공첨가물, 액상과당 등은 혈당을 급격히 올리고, 인슐린 저항성과 산화 스트레스를 유발해 결과적으로 체내 염증 지표CRP: C-Reactive Protein를 높이며, 염증 반응을 조절하는 IL-6Interleukin-6 등을 비정상적으로 증가시키는 것으로 알려져 있다.

이런 식습관을 지속하면 장 점막의 투과성이 증가해 음식물 항원에 대한 과민 면역 반응Leaky Gut Syndrome이 생기고, 아토피나 비염과 같은 알레르기질환의 발현 가능성이 높아진다.

또한, 영유아기는 면역체계가 아직 완성되지 않은 시기여서, 이 시기의 식사 경험과 자극이 알레르기 민감성을 평생 좌우할 수도 있다. 결국 아이에게 어떤 음식을, 얼마나 자주, 어떤 방식으로 먹이는지가 아토피와 비염 같은 질환의 '토대'를 결정한다.

성조숙증, 점점 빨리 자라는 아이들

성조숙증은 여아는 만 8세 이전, 남아는 만 9세 이전에 2차 성징이 나타나는 현상이다. 국내에서는 최근 10년 사이에 꾸준히 증가하고 있다. 성조숙증을 일으키는 요인 중에는 유전적인 것도 일부 있지만 영양 상태, 환경호르몬, 수면, 스트레스, 체지방 비율 같은 요인이 훨씬 더 크게 작용한다. 그중에서도 식습관의 영향은 매우 크다.

초등학교 1학년인 만 7세 여아의 성조숙증 관련 상담을 진행한 적이 있다. 영유아기에는 마른 체형이었다는데 상담 당시에는 또래보다 키가 크고 통통한 상태였다. 말랐던 아이가 몇 년 사이에 빠르게 자라면서 체중도 같이 늘어난 경우였다. 주변에서 너무 빨리 크면 성조숙증이 올 수도 있다는 말을 듣고 걱정스러운 마음에 검사를 받았더니, 뼈 나이가 또래보다 2년 정도 빠르다는 결과가 나왔다고 했다.

성조숙증으로 확진받지는 않았지만, 빠른 뼈 연령을 고려하면 경계 단계에 해당하여 식습관 및 생활습관 관리가 필요했다. 엄마는 지금부터라도 관리하면, 완전히 되돌리지는 못해도 속도를 늦출 수는 있지 않을까 하는 마음으로 식습관 컨설팅을 신청했다고 말했다.

아이는 특별히 편식하는 음식은 없었지만 식사 시간과 간식 시간이 일정하지 않았고, 한 번에 과도하게 먹거나 자주 먹는 등 불규칙한 섭취 패턴을 반복하고 있었다.

부모는 아이가 잘 먹을 때 마음껏 먹게 두는 등 별다른 식사 지도를 하지 않았고, 그런 식습관이 장기화되면서 성장 속도와 체중을 과도하게 앞당긴 것으로 나타났다. 실제 이런 식습관은 체중을 빠르게 증가시키고, 성장 자극 호르몬인 IGF-1인슐린 유사 성장인자-1의 분비를 자극해 성장 속도를 앞당기는 요인 중 하나가 된다.

체중 관리가 필요했지만, 성장기인 만 7세 아이라는 점에서 절식이나 감량을 무리하게 시도할 수는 없었다. 무엇보다 식사 지도가 아이에게 스트레스를 주면 안 되기 때문에 단기간의 빠른 효과보다는 꾸준함을 목표로 삼고, 우선 규칙성 없는 식사 패턴을 일정하게 맞추고 간식 횟수를 조절하는 것부터 시작했다.

아이는 예상보다 잘 따라와 주었다. 무리하게 제한하지 않아도 하루 식사 리듬이 안정되자 간식을 향한 집착도 서서히 줄어들었다. 식사 시간이 일정해지고 식사량이나 구성에 대한 기준이 잡히니 과식이나 폭식처럼 불규칙한 섭취도 줄었고, 자연스럽게 체중 증가 속도도 완만해지는 흐름을 보였다.

성장기 아이라는 특성상 지금의 변화가 곧바로 결과로 이어지는 것은 아니지만, 장기적으로 건강한 성장 흐름을 만들어가기 위한 첫 단추를 잘 끼운 셈이었다. 이러한 변화는 작은 것처럼 보여도 결국엔 아이의 성장 방향을 바꾸는 힘으로 작용한다.

아이의 성장과 관련한 문제는 하루아침에 생기지 않는다. 그 문제 상황을 바꾸는 일도 하루아침에 끝나지 않는다. 별거 아닌 작은 선택의 반복이 마침내 습관이 되고, 이것이 아이의 성장 경로를 결정짓는다.

영유아기의 잘못된 식습관 문제의 경우, 그로 인한 결과가 당장 눈앞에 보이지 않다 보니 안일하게 생각하기 쉽다. 하지만 발현 시점에 차이가 있을 뿐, 아이의 몸에는 문제가 차곡차곡 쌓이고 있다는 점을 기억해야 한다.

성인비만으로 이어지는 지름길, 소아비만

소아비만은 단순히 '조금 통통한 것'과는 다르다. 성장기에 늘어난 지방 세포 수는 성인이 된 이후에도 줄지 않기 때문에 어릴 때 형성된 비만은 성인비만, 대사질환, 심혈관질환으로 이어질 가능성이 높다.

특히 패스트푸드, 음료수, 즉석 간식 위주의 식사는 고열량 저영양 구조로, 미량 영양소 결핍과 인슐린 저항성을 동시에 유발한다. 액상과당, 설탕 등 고당 식품으로 탄수화물 섭취의 40% 이상을 채우는 경우 렙틴**포만 호르몬** 기능 저하 등이 나타나, 배가 불러도 먹는 것을 멈추지 못하는 상황이 반복된다. 소아비만 아동의 70% 이상이 비정상적 수면 패턴, 낮은 신체 활동량, 아침 결식 등을 동반한다는 연구도 있다.

2년 전쯤 만 6세 남아의 소아비만 상담을 한 적이 있다. 이 사례는 단순한 과식이나 간식 중독 패턴과는 조금 달랐다. 아이의 부모는 모두 과체중에 고혈압 진단을 받고 약을 복용 중이었고, 아빠는 당뇨까지 있는 상태였다.

노산과 비만이라는 조건 속에서 어렵게 임신한 엄마는 아이만큼은 건강하게 키우고 싶은 마음이 컸다. 엄마와 아빠는 배달 음식을 먹더라도 아이만큼은 건강하게 챙겨야 한다는 마음으로 늘 집밥을 준비했고, 가공식품으로 된 간식도 제한하려 노력했다.

그러나 문제는 식재료가 아니라 '식사 습관'이었다. 부모 모두 식사 속도가 빠르고 식사량이 많은 편이었는데, 아이 역시 그 모습을 보며 자연스럽게 빨리 먹고 많이 먹는 습관을 갖게 된 것이었다.

만 3세까지는 엄마가 가정보육을 하며 간식을 철저히 제한하고 건강한 식단을 제공한 덕에 비교적 안정적인 체형을 유지할 수 있었다. 하지만 유치원에 다니기 시작하면서 상황은 달라졌다. 기관에서 생활하며 아이는 자연스럽게 가공식품을 접하게 되었고, 가정 내에서도 간식에 대한 제한이 점차 느슨해졌다.

결국 빨리, 많이 먹는 기존 식습관과 맞물려 아이는 체중이 급격하게 증가했고, 병원에서 '소아비만'이라는 진단까지 받게 되었다. 나는 단순히 아이의 식단을 바꾸는 것만으로는 근본적인 개선이 어렵다고 판단하고, 가정 내 식사 환경의 변화가 필요하다는 점을 양육자에게 설명했다.

엄마는 문제의 본질을 이해하고 아이와 함께 식습관을 개선하고자 컨설팅에 성실히 참여했다. 그러나 아빠는 부모의 식단까지 바꿔야 한다는 것에 강한 거부감을 보였고, 그 결과 실질적인 변화를 가져오기 어려웠다.

이 아이의 비만은 결코 아이 혼자만의 문제가 아니었다. 가정이라는 환경 속에서 부모의 잘못된 식사 방식이 고스란히 반영된 결과였다. 그럼에도 불구하고 부모가 소극적으로 안일하게 대응한 것이 못내 아쉬움으로 남은 사례였다.

단 음식에 대한 갈망을 부추기는 수면 부족

수면은 아이의 성장, 면역, 식욕 조절에서 핵심적인 생리 작용이다. 수면이 부족하거나 불규칙하면 공복 호르몬**그렐린**이 증가하고, 포만 호르몬**렙틴**은 감소한다. 결국 공복감이 커지고 식욕 조절이 어려워진다. 수면 부족은 곧 인슐린 기능 저하로 이어져, 단 음식에 대한 갈망이 커지고 혈당 조절 또한 어려워진다.

특히 취침하기 2시간 전에 고당식품을 섭취하면, 멜라토닌 분비가 억제되어 잠들기 어려워지고 수면의 질 자체가 떨어지는 악순환으로 이어질 수 있다. 따라서 아이의 질 높은 수면을 위해서라도 하루 식사 패턴과 식사 시간 조율은 반드시 필요하다.

결국 중요한 건 '습관'이다. 단 한 끼의 가공식품, 단 한 잔의 가당음료가 모든 문제를 만드는 건 아니다. 하지만 그런 식사가 습관이 되고, 루틴이 되고, 일상이 되면 그 영향은 생각보다 훨씬 더 깊고 오래 간다.

건강한 식습관 형성에서 정말 중요한 건 한 끼에 무엇을 먹었느냐가 아니라, 어렸을 때 어떤 식사 경험을 반복했고 그 경험이 어떤 식사 습관으로 굳어졌는가 하는 것이다. 영유아기부터 다양한 식재료와 자연식품을 자연스럽게 경험하게 해주고, 안정적이고 즐거운 식사 환경을 만들어주는 것이 결국 평생 건강의 시작점이 될 수 있다.

초가공식품, 너무 자주 먹고 있지는 않나요?

초가공식품은 여러 단계의 가공 과정을 거쳐 만들어집니다. 맛을 더 강하게 하거나 유통기한을 늘리기 위해 감미료, 보존제, 인공색소, 향미증진제 등이 첨가됩니다. 아이도 사회적 관계와 외부 활동이 늘어날수록 이러한 식품에 노출될 수밖에 없습니다. 또한, 가정의 여건이나 양육자의 사정에 따라 어쩔 수 없이 초가공식품을 활용할 수도 있습니다.

하지만 하루 식사의 대부분을 초가공식품에 의존하는 건 아닌지 점검해 볼 필요가 있습니다. 가능하다면 자연식품 위주의 식사, 자연 그대로의 단맛을 지닌 식재료를 즐겨 먹을 수 있도록 식사 지도를 하는 것이 중요합니다.

우리가 일상에서 자주 섭취하는 초가공식품은 다음과 같습니다. 이들 식품의 섭취 빈도와 양을 꾸준히 점검하세요.

- 시리얼, 과자류, 젤리류
- 가공 유제품(가당 요구르트, 가공 우유, 가공 치즈, 아이스크림 등)
- 가공 육류 및 어육 가공품(소시지, 햄, 너겟, 돈가스, 어묵, 맛살 등)
- 음료(탄산음료, 가당 주스, 에너지 드링크 등)

건강한 식사 경험이
아이의 마음 근육을 키운다

ADHD, 우울, 불안, 폭력성, 분노조절

건강한 식사 경험은 아이의 긍정적인 정서 특성으로 이어질 수 있다. 영유아기 아이의 감정은 단순하고 즉각적이다. 배가 고프면 울고, 불편하면 거부하고, 좋은 기억이 반복되면 기대하고 반갑게 반응한다. 아이에게 '식사'는 단순히 배를 채우는 시간이 아니라, 정서와 연결되어 중요한 상호작용을 하는 시간이 된다.

세 돌이 되어가는 아이를 둔 엄마가 아이의 식사 문제로 상담을 신청했다. 에너지가 넘치는 남자아이였는데 엄마가 가장 먼저 꺼낸 말은 "애가 안 자고, 안 먹어요"였다.

아이는 식사에 전혀 관심이 없었고 유아용 식탁 의자에 앉히는 것부터 전쟁이었다. 겨우 두세 숟가락 먹고는 일어나 장난감을 찾거나 물컵을 엎는 등 식사 집중도가 매우 낮았다. 아이는 이미 행동지도 수업을 받고 있었고 엄마는 ADHD 징후가 아닐까 불안해하는 상태였다.

기질 검사를 해보니 아이는 에너지가 매우 높고 자극추구 성향이 강한 레몬 기질이었다. 물론 모든 레몬 기질 아이가 이런 모습을 보이는 것은 아니다. 문제는 엄마가 아이를 통제하지 못하고, 기준 없이 달라는 대로 다 주는 식으로 반응한다는 점이었다.

아이는 하루 종일 음료, 과자, 빵, 아기용 비타민 등을 수시로 섭취했고, 그러다 보니 식사 집중도가 더 떨어질 수밖에 없는 환경이었다. 엄마는 아이가 밥을 먹지 않으니 다시 간식을 제공했고, 그렇게 식사 간격이 흐트러지며 간식 중심의 식생활을 반복하고 있었다.

나는 식사 시간에 TV나 장난감 같은 외부 자극을 줄이는 것부터 식습관 컨설팅을 시작했다. 그 대신 식탁 위에서 아이의 흥미를 유도할 수 있는 요소들을 적극적으로 활용했다.

알록달록한 채소에 모양 틀을 활용해 시각적인 자극을 주었고, 동물 모양 포크나 아이가 직접 고른 식판처럼 식사 도구에도 '놀이' 요소를 더해 식사 자체가 재미있는 경험이 되도록 유도했다. 엄마와 함께 주먹밥을 만들거나, 채소 스틱을 직접 소스에 찍어 먹게 하는 간단한 활동이 아이에게는 식사 집중도를 높이는 긍정적인 자극으로 작용했다.

한 달쯤 지나자 처음엔 단 몇 분도 앉아 있기 힘들어하던 아이가 점차 식탁에 머무는 시간이 늘어나, 종종 10분 이상 앉아 있기도 했다. '먹이는 식사'가 아니라 '함께 노는 식사'로 접근하자, 아이도 식탁을 놀이 공간처럼 받아들이며 점차 식사에 집중하는 모습을 보였다. 이처럼 식사 리듬을 회복하면 단순히 '밥을 먹는 것' 이상의 변화가 일어난다.

불규칙한 식사 습관과 간식 위주의 섭취 패턴은 식사 거부를 넘어, 아이의 신경계와 정서 발달에도 부정적인 영향을 미칠 위험이 있다. 특히 당과 정제 탄수화물이 많은 식사로 인해 혈당이 급격히 올라갔다가 떨어지는 과정이 반복되면, 에너지 변동이 심해지고 집중력이나 기분 조절에도 문제가 생긴다. 세로토닌, 도파민, 아세틸콜린과 같은 신경전달물질의 균형에 영향을 받으며, 이로 인해 충동 조절이나 주의 집중이 어려워질 수 있다는 연구도 보고되고 있다.

최근에는 ADHD, 불안, 우울, 분노조절의 어려움 등 정서 및 행동 문제를 겪는 아이들이 점점 많아지고 있다. 이러한 문제들은 타고난 기질 때문이라기보다는, 반복적으로 경험해 온 환경과 양육 방식이 복합적으로 작용한 결과일 가능성이 크다.

아이들은 식사를 통해 기다리는 법, 조절하는 법, 규칙을 지키는 법을 배운다. 또한, 스스로 해냈다는 성취감과 더불어 양육자와 함께한다는 소속감도 경험한다. 이 모든 감정의 경험은 아이의 '마음 근육'을 키우는 기초가 된다.

반대로 식사가 억지로 먹이거나 협박하거나 급하게 등 떠밀리는 식으로 반복되면, 아이는 식사 시간 자체를 힘들고 불편한 시간으로 기억하기 쉽다. 그리고 그 불편함은 감정 조절의 어려움이나 문제 있는 식사 행동으로 나타나기도 한다.

최근 주목받는 '장-뇌 축Gut-Brain Axis' 개념 역시 이러한 흐름을 뒷받침한다. 장은 단순한 소화기관이 아니라 뇌와 양방향으로 소통하며 감정에도 영향을 준다. 장내 미생물의 균형이 무너지면 불안, 우울, 분노 같은 정서 변화가 일어나기도 한다.

그러니 아이에게 건강한 식습관을 만들어주는 것은 아이의 정서를 돌보는 가장 일상적이고 효과적인 방법이 될 수 있다.

함께 밥을 먹으며 아이와 눈을 맞추고, 아이의 행동에 반응하고, 함께 웃으며 숟가락을 드는 그 순간들이 아이에게는 하루 중 가장 큰 안정과 사랑을 느끼는 시간이 된다. 부모와 함께하는 식사 속에서 아이는 조금씩 자란다. 부모와 날마다 함께한 식사의 기억은 아이가 앞으로 마주할 수많은 어려움을 견뎌낼 힘이 되어줄 것이다.

정신건강과 식사의 관계●

구분	증상	주의할 식습관	주의할 식품
ADHD	충동성 주의 산만 집중력 저하	고당도 간식 인공색소 식품첨가물 중심 식사	정제당 액상과당 가당음료 인공색소 포함 가공식품
우울감	기분 저하 에너지 부족 사회적 고립감	불규칙한 식사 당과 탄수화물 중심 식단	정크푸드 고탄수 고지방 위주 식사
불안감	긴장 예민함 소화 문제	공복 지속 단 음식 위주 간헐적 폭식	카페인 고당 식품 자극적인 음식
분노조절, 폭력성	감정 기복 자기조절 능력 부족	불규칙한 식사 급한 식사 단 음식 반복 섭취	고당도 가공식품 트랜스지방 저혈당 유발 식단

● 출처: Joe, T. N. 외(2012), "Meta-Analysis of Attention-Deficit/Hyperactivity Disorder or Symptoms, Restriction Diet, and Synthetic Food Color Additives"(ADHD와 인공색소, 정제당의 연관성); Felice, N. J. 외(2010), "Association of Western and Traditional Diets with Depression and Anxiety in Women"(가공식품 중심 식단과 우울·불안 간의 관계); O'Neil, A. 외(2014), "Relationship between Diet and Mental Health in Children and Adolescents: A Systematic Review"(어린이·청소년 식사 패턴과 정신건강 전반에 대한 체계적 검토); Gomez-Pinilla, F.(2008), "Brain Foods: The Effects of Nutrients on Brain Function"[뇌 건강과 영양소(오메가-3, 트립토판, 미량영양소 등)의 상관성]; Bryan, J. & M. Tiggemann(2001), "The Effects of Caffeine and Sugar on Children's Behaviour"(어린이의 당류 및 카페인 섭취와 행동 문제).

다양한 뇌 훈련이 가능한 식사 시간

우리 뇌는 몸 전체 에너지의 약 20% 이상을 사용할 만큼 에너지 소모가 많은 기관이다. 특히 뇌세포가 빠르게 성장하고 시냅스 연결이 활발하게 이루어지는 영유아기에는 균형 잡힌 영양 섭취와 건강한 식사 경험이 절대적으로 중요하다. 이 시기에 필요한 단백질, 오메가-3 지방산, 아연, 철, 비타민 B군, 마그네슘 등은 뇌의 신경전달물질 합성, 신경세포 보호, 집중력과 학습에 직접적으로 관여하는 핵심 영양소다.

식사 환경이 산만하거나 편식이나 과식, 불규칙한 식사 패턴이 반복되면 이러한 영양소의 공급이 부족해질 뿐만 아니라, 뇌의 기능적 성장에도 방해가 될 수 있다. 실제로 식사 시간에 집중하지 못하고 자주 자리에서 일어나거나, 음식으로 장난을 치거나, 자극적인 음식만 골라 먹는 습관이 주의력 결핍, 충동 조절의 어려움, 낮은 자기조절 능력과 관련이 있다는 연구도 꾸준히 보고되고 있다. 이는 이러한 문제들이 단순한 식습관 문제가 아니라, 자기조절과 집중을 담당하는 부위인 뇌의 전두엽을 제대로 훈련하지 못하고 외부 자극에 과민하게 반응하는 구조를 고착화하는 문제가 될 수 있음을 의미한다.

또한, 인슐린 저항성이나 고혈당 상태가 반복되면 해마와 전두엽의 활동성이 감소하고, 이것이 인지 기능 저하와 기억력 감퇴로 이어질 수 있다는 연구 결과도 있다. 식사 습관이 곧 생활 습관으로 연결되는 이유가 바로 여기에 있다.

식사 시간을 단순히 '먹는 시간'이 아니라, 아이의 뇌가 훈련을 통해 성장하는 시간으로 활용할 수 있다. 정해진 시간에, 정해진 장소에서, 온전히 식사에 집중할 수 있도록 돕는 것. 이 단순한 원칙이 아이의 뇌에 규칙성과 예측 가능성이라는 긍정적인 자극으로 작용한다. 그 안에서 아이는 기다림, 집중, 자기조절, 감정 표현 같은 중요한 능력을 익힌다. 이런 식사 경험 하나하나가 쌓여 정서 조절, 올바른 학습 태도, 사회성 함양으로 이어지는 토대가 된다.

뇌는 단지 좋은 음식을 '먹는다'고 해서 성장하지 않는다. 어떤 환경에서, 누구와, 어떤 기분으로 식사했는가 또한 영양소만큼이나 뇌 발달에 깊은 영향을 미친다.

그러므로 아이의 인지 발달은 특별한 학습이나 교육에서만 시작되는 게 아니라, 일상에서 반복되는 식사 환경이라는 구조 안에서도 시작될 수 있다. 매일 식사를 반복하며 아이는 자연스럽게 기다림, 집중력, 자기조절 능력을 익히게 되고, 이러한 경험은 뇌의 기능을 단단하게 다지는 기초를 이룬다.

영양 + 환경 + 반복, 이 세 가지가 아이의 뇌 발달을 위한 열쇠다.

잘 먹는 아이가 잘 놀고, 잘 잔다

먹·놀·잠은 서로 영향을 주고받는 순환구조

엄마의 큰 노력 없이도 잘 먹고, 잘 놀고, 잘 자는 아기. 우스갯소리로 '삼대가 덕을 쌓아야 만날 수 있다'는 유니콘 같은 존재다. 어딘가에는 분명히 존재한다는데, 우리 집에는 없는 그 아기 말이다. 9년째 식이지도를 하고 있는 나조차 내 아이가 이유식을 거부하는 기간이 길어질수록, 이론은 온데간데없어지고 "그냥 제발 좀 먹어줘"라는 말만 반복했다.

하지만 그 혼란 속에서 나는 '잘 먹고, 잘 자고, 잘 노는 아이'를 만드는 방법은 생각보다 훨씬 간단하다는 사실을 깨달았다.

가르치면 된다. 아이는 배우지 않으면 모른다. 때가 되면 배변을 가르치고, 말을 가르치고, 젓가락질을 알려주듯 먹고, 자고, 노는 방법도 알려줘야 한다. 아이가 떼를 쓴다고 해서 배변 훈련을 포기하거나, 말문이 늦게 트였다고 해서 말을 가르치지 않고 그냥 넘어가는 부모는 없다. 그러니 오래 걸리더라도 아이에게 잘 먹는 방법 또한 가르쳐야 한다. 건강한 식습관은 타고나는 것이 아니라, 양육자를 통해 배우고 만들어 나가는 것이다.

그럼에도 먹고, 놀고, 자는 것을 가르치는 일에는 곧잘 '유난'이라는 말이 붙는다. 영유아기에 먹고, 놀고, 자는 것은 각각 동떨어진 별개의 활동이 아니라 서로 영향을 주고받으며 연쇄작용을 일으킨다. 잘 먹어야 잘 놀고, 잘 놀아야 잘 잔다. 먹고, 놀고, 자는 것은 서로 긴밀하게 연결되어 있다.

나 역시 둘째를 키우며 그 사실을 절감했다. 둘째의 수면은 늘 불안정했고, 깊은 잠을 자지 못하다 보니 낮에도 칭얼거림이 심해 품에서 내려놓기 어려웠다. 수면 부족으로 나와 아이의 하루 리듬은 점점 흐트러졌고, 결국 나는 무너지기 직전까지 가서야 수면 컨설팅을 신청했다. 가족들조차 "애가 잠 좀 안 자는 걸로 무슨 컨설팅이냐"라며 만류했지만, 당사자인 나는 너무 힘들어서 뭐라도 해야겠다는 마음뿐이었다.

컨설팅 첫날, 둘째는 평소처럼 재워주지 않는 게 서러웠던지 목이 쉬어라 45분을 내리 울었고, 나는 아이들 방문 앞에서 혼자 울음을 삼키며 그 결정을 후회했다.

하지만 멈추지 않았다. 정확히 말하면 더는 물러날 곳이 없었다. 연일 자지러지게 우는 아이의 울음소리를 듣는 건 괴로웠지만, 시간이 흐를수록 아이는 점점 달라졌다. 잠들기까지 걸리는 시간이 단축됐고, 자다가 깨는 횟수도 줄어들었다. 수면 패턴이 잡히니 아이도 나도 조금씩 안정되어 갔고, 아이의 하루도 달라졌다. 잠을 잘 자니 덜 예민해진 둘째는 칭얼거림도 줄고 혼자 노는 시간도 늘어났다.

나는 그제야 '자는 게 달라지면 하루가 달라진다'는 것을 깨달았다. 먹고, 놀고, 자는 것은 따로따로 존재하는 것이 아니라, 하나의 흐름으로 연결되어 있었다.

식습관 지도도 마찬가지다. 아이가 먹지 않는다고 해서 단지 식욕만 탓해서는 안 된다. 수면은 어떤지, 놀이 시간은 어떤지, 아이가 하루 동안 보이는 반응을 모두 살펴야 한다. 수면 패턴이 불규칙하거나 깊은 수면을 취하지 못하면, 아이는 각성 상태에 머물게 되고 잠들기가 더욱 어려워진다. 이러한 수면 부족은 아이의 신체에 스트레스를 주고 예민도를 높여 짜증, 울음, 불안 행동을 반복하게 만들며 아이가 주도적으로 노는 시간을 빼앗는다.

아이는 놀이를 통해 사회적, 정서적 발달을 이룬다. 놀이를 통해 상상력과 창의력을 발휘하고, 타인과 상호작용 하며 자신감을 키운다. 그러나 불안정한 수면으로 예민도가 높아진 아이는 주도적으로 놀이활동을 하기 어렵다.

또한, 불안정한 수면은 소화력과 식욕에도 영향을 미친다. 식사를 거부하거나 먹는 양이 감소하고, 특정한 음식만 고집하거나 당류 위주의 간식 섭취가 늘어날 수 있다. 반대로 수면 패턴이 안정적이라도 소화에 부담을 주는 식사 구성은 깊은 수면을 방해한다. 특히 늦은 시간에 단백질, 지방, 당을 과도하게 섭취하면 아이의 몸이 긴장 상태에 빠져 수면의 질이 떨어질 수 있다.

먹·놀·잠은 각각 따로 존재하는 것이 아니라 하나의 균형이다. 셋 중 하나라도 흐트러지면 나머지도 무너지기 쉽다. 그리고 그 균형은 아이가 스스로 터득하는 것이 아니라 부모가 가르쳐주어야 한다.

양육자의 불필요한 수면 개입이 질 좋은 수면을 방해한다

영유아기 수면은 식습관만큼이나 중요한 요소로, 아이는 질 좋은 수면을 통해 성장합니다. 성장 호르몬의 분비는 물론이고 근육 성장, 세포 재생, 단백질 합성, 모두가 수면 중에 일어납니다. 성인의 경우 깊은 수면이 75%, 얕은 수면이 25%를 차지합니다. 그러나 아이는 생후 5~6개월 무렵에는 얕은 수면이 50%, 깊은 수면이 50%로 성인보다 얕게 수면하고, 개월 수가 지날수록 수면 패턴이 성인과 비슷해집니다. 수면 패턴의 발달은 평균적으로 생후 5~6개월 차부터 서서히 일어나며, 아이는 이즈음부터 통잠을 자게 됩니다.
이 과정에서 아이가 스스로 잠드는 법을 배워야 하는데, 양육자가 불필요하게 수면에 개입하는 횟수가 늘어나면 이것을 배우지 못합니다.

수면 패턴은 얕은 수면과 깊은 수면 두 가지 패턴의 반복으로 이루어집니다. 얕은 수면은 활동적인 수면으로, 이때 아이는 울거나 뒤척이거나 끙끙거리는 등의 활동을 보입니다. 이 수면은 비교적 불안정하여 잠을 자는 도중에 쉽게 깨어날 수 있습니다. 깊은 수면은 조용한 수면이라고도 하는데, 이때 신체가 휴식을 취하고 성장 호르몬이 분비됩니다. 뇌파는 느리고 안정적이며, 체내 재생 및 세포 복구가 이루어집니다. 즉, 깊은 수면은 아이에게 중요한 회복 과정입니다.

영유아기의 아이가 수면 사이클을 잘 연장하고 스스로 잠드는 방법을 배우는 것은 무척 중요합니다. 아이가 스스로 수면 연장을 할 수 있어야 질 좋은 수면이 가능해지기 때문입니다.
얕은 수면 상태에서 아이가 울거나 뒤척이거나 끙끙거리거나 옹알이를 할 때, 그 즉시 안아 올리거나 쪽쪽이를 물리거나 토닥거리는 것 등은 불필요한 수면 개입입니다.
이렇게 양육자의 불필요한 수면 개입이 잦아질수록 아이는 스스로 수면 사이클을 연장하지 못하며, 얕은 수면에서 깨어나 다시 잠들기 위해 젖, 쪽쪽이, 양육자 등을 찾게 되고 수면의 질이 갈수록 저하됩니다. 낮잠 연장이 잘되지 않는 이유도 비슷한 원리입니다.

수면 지도의 목적은 단순히 새벽 수유를 없애거나 통잠을 재우는 것이 아닙니다. 아이가 스스로 편안하게 잠드는 방법을 가르쳐 주는 것입니다. 아이가 스스로 수면을 연장하는 방법을 배우지 못하면 수면의 질이 저하되고, 이로 인해 아이의 신체는 스트레스 상태에 놓이게 됩니다. 교감신경이 지나치게 자극된 아이는 일과 중에도 짜증, 투정, 울음이 많아지고 소화력과 식욕이 떨어집니다.

아이의 수면과 식욕은 연쇄적으로 작용하며 둘 다 성장에 중요한 요소이므로, 적정한 시기에 이루어지는 수면 지도는 아이의 건강한 식습관 형성에 도움을 줍니다.

3부

왜 우리 아이만 입이 짧을까?

잘 안 먹는 원인은 기질 외에도 다양하다

"안 먹는 아이예요."

영유아의 식단을 상담하며 양육자들에게 가장 많이 듣는 말이다. 오감이 예민한 아이도 안 먹는 아이, 자극추구 성향이 높은 아이도 안 먹는 아이, 식사 패턴이 불규칙한 아이도 그저 안 먹는 아이다.

아이가 음식을 거부하는 이유는 결코 한 가지가 아니다. 기질적인 성향, 지금까지 쌓아온 식사 경험, 감각 민감성, 정서적 변화, 시기적 특성, 날씨나 환경 자극, 양육자의 감정 상태 등 수많은 요인이 영향을 주고받으며 아이의 '식사 행동'을 만들어낸다.

앞서 아이의 기질이 식사 행동에 큰 영향을 미친다고 이야기했다. 하지만 아이가 성장하며 양육자가 마주하는 식사 거부의 원인을 오로지 기질만으로 설명하기는 어렵다. 식사 거부는 발달, 감각, 환경, 정서, 신체 요인 등 다양한 요소가 복합적으로 작용하는 '다多 요인 반응'이다. 그런데 양육자의 시선에서는 이 복합적인 흐름이 보이지 않는다. 단지 '안 먹는다'는 결과만 보일 뿐이다.

영유아기는 '얼마나 먹었느냐'보다 '어떤 경험을 반복했느냐'가 특히 더 중요한 시기다. 이 시기의 식사는 단순한 영양 섭취를 넘어, 감각 발달과 정서 안정, 자기조절 능력을 기르는 복합적인 학습이다. 따라서 단순히 '잘 안 먹는다'는 결과에 집중하기 이전에 지금 아이가 어떤 상태인지, 무엇을 경험하고 있는지를 읽어내는 것이 먼저다.

3부에서는 아이가 잘 먹지 않는 이유를 발달, 감각, 환경, 정서 등 다양한 측면에서 차근차근 짚어본다. 아이의 식사 행동에 담긴 다양한 신호를 이해하면, 식사 지도가 어느새 통제에서 이해로 바뀌게 된다.

'얼마나 먹었느냐'보다 '어떤 경험을 반복했느냐'가 핵심

영유아기의 식사는 단순한 영양 공급의 의미를 넘어선다. 즉, '얼마나 먹었느냐'보다 '어떤 식사 경험을 반복했느냐'가 훨씬 더 중요하다. 이 시기의 식사 습관은 평생 건강의 주춧돌이 되며, 신체 성장뿐 아니라 정서 안정, 자기조절 능력, 감각 통합 발달까지 두루 영향을 미친다.

특히 생후 12개월에서 36개월 사이는 신체 성장 속도가 느려지고 인지와 자율성, 감정 표현 능력이 빠르게 발달하는 시기다. '나'라는 존재를 인식하고 표현하려는 욕구가 강해지면서, 식사 거부나 편식 같은 반응이 자연스럽게 나타날 수도 있다. 아이가 어제는 잘 먹던 음식을 오늘은 갑자기 거부하고, 익숙한 밥상을 낯설어하는 것은 이 시기에 매우 흔하게 나타나는 발달 반응이다.

이른바 밥태기**밥+권태기**는 단순히 입맛이 변해서가 아니라 감각 자극, 정서 상태, 컨디션 변화 등에 따라 일시적으로 나타나는 자연스러운 조정 과정인 경우가 많다.

아이가 밥을 먹지 않으면 많은 부모가 "입이 짧다", "입맛이 까다롭다"라고 말한다. 그러나 식사 거부는 단순히 식욕의 문제가 아니다. 실제로 식사 행동은 아이의 생리적 상태, 감정적 안정성, 일상 리듬, 감각 특성 등 다양한 요인이 복합적으로 작용한 결과다.

영유아기는 감각 통합이 활발히 이루어지는 시기로, 이 시기의 아이에게 식재료는 단순한 음식이 아니라 새로운 자극의 연속이다. 질감, 온도, 색깔, 향, 소리까지. 식사는 시각·후각·미각·촉각·청각이 모두 관여하는 복합적인 감각 경험이다.

이 중에서도 후각과 미각은 감정 및 공포 중추인 편도체와 밀접하게 연결되어 있어 강한 향, 쓴맛, 낯선 식감 등을 위협적인 자극으로 인식하기 쉽고, 이것이 곧 거부 반응으로 이어질 수 있다. 따라서 감각이 아직 정리되지 않은 시기의 식사 거부는 단순한 '까다로움'이 아니라, '감각의 미숙함'에서 오는 자연스러운 반응일 수 있다.

민감한 미각으로 인한 거부

- **단맛 거부**: 인위적인 단맛을 선호하지 않고 담백한 맛을 선호
- **쓴맛 거부**: 쓴맛을 통증처럼 느껴, 주로 쓴맛이 강한 채소 위주로 거부
- **신맛 거부**: 신맛을 쓴맛으로 느껴, 과일을 포함한 산미 있는 식재료를 거부
- **짠맛 거부**: 양념육이나 국물 등 염도 있는 음식을 거부

예민한 감각으로 인한 거부

- **식감 거부**: 질기거나 거친 식감, 물렁물렁하고 미끄러운 식감 등 특정한 식감을 거부
- **온도 거부**: 조금만 뜨겁거나 차가우면 거부
- **색깔 거부**: 색이 진하거나 어두운 식재료 등을 거부
- **냄새 거부**: 향이 강한 식재료에 불쾌감을 느껴 거부

억지로 먹이기, 협박하기, 감정적으로 다그치는 식의 식사 지도는 '안 먹는 문제'를 해결하는 방법이 아니다. 오히려 식사 자체에 대한 불안감만 더 키우는 결과를 가져올 수 있다. 강압적인 식사 지도는 뇌의 감정 및 공포 중추인 편도체를 자극해 '음식'이나 '식사 시간'을 부정적인 기억으로 남게 만든다.

그렇게 한 번 부정적으로 각인된 기억은 쉽게 지워지지 않는다. 그로 인해 식탁이 아이가 긴장하고 눈치를 봐야 하는 불편한 공간으로 변질될 수도 있다. 중요한 것은 아이에게 한 끼를 많이 먹이는 것이 아니다. 아이에게 편안한 분위기 속에서 주도적으로 식사하는 습관과 경험을 만들어주는 것이다.

영유아는 위의 용량이 작고 소화 기능도 아직 미숙하다. 에너지 요구량도 아이마다 다르기 때문에 '얼마나 먹었는가'보다 '어떻게 식사에 적응하고 있는가'가 중요하다. 이 시기의 식사 시간은 아이가 식사라는 경험에 천천히 적응하며, 이 경험을 긍정적으로 받아들이도록 도와주는 시간이다. 양육자는 아이에게 음식을 억지로 먹이는 '감독관'이 아니라, 식재료를 소개하고 적응을 도와주는 '소개자'가 되어야 한다.

식사 거부는 대부분 자연스럽게 완화됩니다!

식사 거부는 대부분 시간이 지나며 자연스럽게 완화되는 발달 반응입니다. 양육자의 반응과 태도가 아이의 식사 경험을 결정짓는 가장 중요한 요소로 작용합니다. '잘 먹이는 것'보다 더 중요한 것은 아이에게 식사 시간이 '즐겁고 안전한 기억'으로 남는 것입니다. 반복적인 노출, 익숙한 환경, 일관된 식사 패턴은 식사 거부를 부드럽게 넘기는 가장 효과적인 방법이기도 합니다.

기질 외에 아이가 안 먹는 원인 찾기

Q1
최근에 아이가 아팠던 적이 있나요?

예 → 아이가 아프면 소화 기능이 저하되기 때문에 회복 후에도 일정 기간 식욕이 없을 수 있으며, 식욕 부진이 2~3주가량 이어지기도 합니다.

↓ 아니요

Q2
최근에 환경 변화가 있었나요?

예 → 환경의 변화나 계절, 날씨의 변화로 인해 식사 거부가 생기기도 합니다. 아이가 바뀐 환경에 적응하면 자연스럽게 식사량이 다시 늘어나니 시간을 두고 기다려주세요.

↓ 아니요

Q3
아이의 식사량 및 식사 패턴이 적절했나요?

아니요 → 월령별 수유량과 시간 간격을 확인하세요.
- 3개월까지: 대략 30mℓ당 1시간 간격
- 4~6개월: 대략 40mℓ당 1시간 간격
- 7~12개월: 대략 50mℓ당 1시간 간격
- 13개월 이후: 식사 간격은 3~4시간, 간식은 하루 1~2회

↓ 예

Q4
아이가 맛을 확인했나요?

아니요 → 향이나 맛 때문에 식사를 거부하기도 합니다. 단호박, 옥수수, 고구마, 밤, 감자 등 단맛이 나는 구황작물을 활용하면 향이나 맛으로 인한 거부를 줄일 수 있습니다.

↓ 예

Q5
간식 제공에 규칙이 있나요?

아니요 → 간식 횟수나 양을 제한하세요. 식사 거부가 간식 때문인지 정확히 모르겠다면, 간식을 완전히 배제하고 식사량을 비교해 보면 원인을 찾기 쉽습니다.

↓ 예

Q6
식사 직전에는 간식을 주지 않고, 간식의 양을 조절하고 있나요?

아니요 → 간식을 주는 것은 식사하기 최소 한 시간 전에 마치는 게 좋습니다. 간식의 양도 식사에 방해되지 않는 선에서 조절하세요.

↓ 예

간식 외에 아이의 기질과 양육자의 태도, 식사 환경 등 다른 요인을 함께 점검해 보세요.

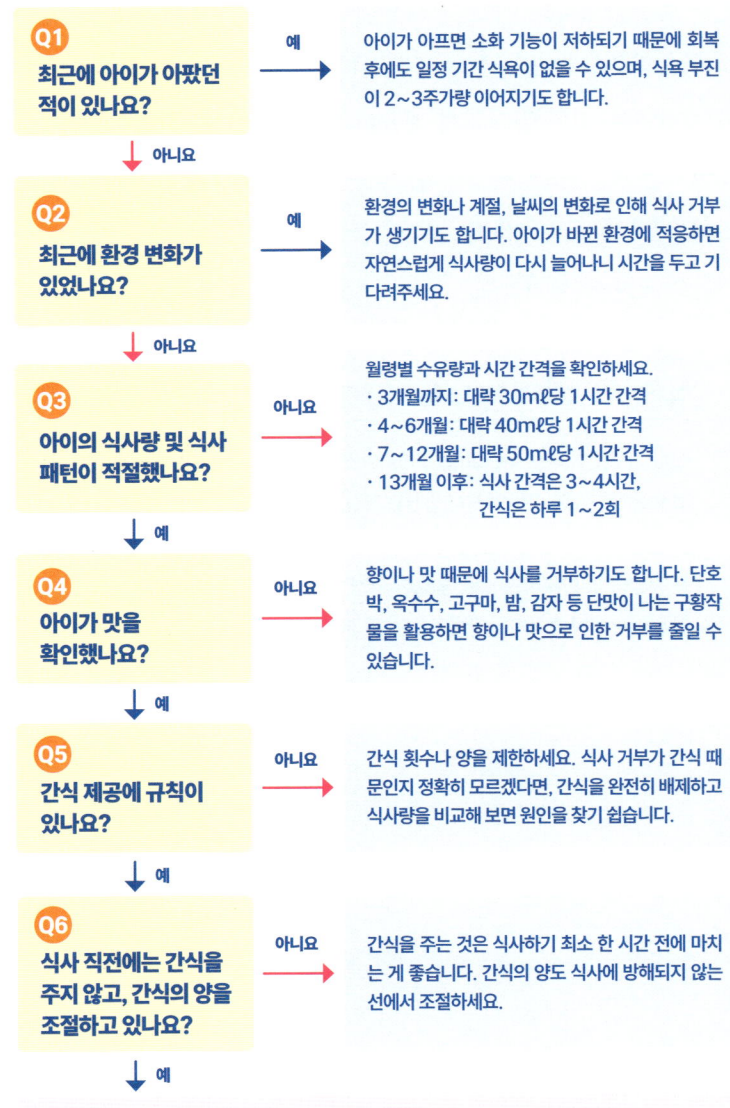

식사 거부의 원인은 다양하다 : 생후 0~5개월

기질만으로 아이의 식사 행동을 모두 설명하거나 교정할 수 있다면 육아가 훨씬 쉬울 것이다. 하지만 식욕이나 식사 행동에는 아이의 신체 발달, 정서 상태, 계절 변화, 환경적 요인 등 다양한 변수가 복합적으로 작용한다. 동생의 출생이나 양육자의 감정 변화 등 심리적인 자극도 영향을 준다.

식사 거부의 원인은 시기별로 다르게 나타난다. 보통 영유아기의 발달 흐름에 따라 생후 6개월 전후로 시기를 구분하는데, 그 이유는 이 시기에 아이의 감각과 정서, 소화 능력 등 모든 것이 바뀌기 때문이다.

생후 100일 무렵의 1차 수유 거부

생후 3개월이 지나면서 수유량이 줄거나 수유 거부 반응이 나타나는 경우가 있다. 이 시기는 발달적 변화가 급격하게 나타나는 시기로, 생리적·인지적 요인이 복합적으로 작용한다.

- **생리적 요인** 침 분비량이 증가하지만 삼키는 기능이 미숙해 불편함을 느낄 수 있다. 이로 인해 수유 지속 시간이 줄어들고, 입에 무언가를 넣는 것을 거부하는 반응이 일시적으로 나타난다.

- **인지적 요인** 시각과 청각이 발달하면서 주변 환경에 대한 주의가 높아진다. 그 결과, 수유에 집중하지 못하고 수유 도중 자주 고개를 돌리는 모습이 나타나기도 한다.

- **해결책** 아기가 안정적으로 수유에 집중할 수 있도록, 빛과 소리를 최소화하여 조용하고 편안한 환경을 조성한다. 이 시기의 수유량 감소는 발달 변화에 따른 자연스러운 반응일 수 있으므로, 일정한 수유량을 억지로 채우기보다 아기의 전반적인 컨디션을 함께 살피는 것이 더 중요하다. 섭취량이 일시적으로 줄더라도, 아기의 상태가 평소처럼 안정적이고 수유 후 편안하다면 크게 걱정하지 않아도 된다.

다만, 수유량이 평소보다 25~30% 넘게 감소한 상태가 3일 이상 이어지면 소아청소년과 진료가 필요하다.

혼합 수유로 인한 혼란

생후 2~4개월은 미각 수용체**맛을 느끼는 세포**가 빠르게 발달하는 시기로, 아이는 향과 온도, 맛 등에 민감하게 반응하기 시작한다. 이 시기에 모유와 분유를 혼합하여 수유하면, 아이가 맛과 향의 차이를 구분해 한 가지를 선호하거나 거부하는 경우도 있다.

- **해결책** 혼합 수유가 아이에게 혼란을 준다고 판단되면, 수유 방식을 하나로 통일하는 편이 좋다. 모유에서 분유로 전환할 때는 모유 수유를 갑작스럽게 중단하지 말고, 분유 수유에 자연스럽게 익숙해지는 과정을 반복적으로 거쳐야 한다. 하루 중 분유 수유로 1~2회 대체해 보고, 아기가 여기에 익숙해지면 점차 분유 수유 횟수를 늘리며 서서히 전환하는 것이 바람직하다.

컨디션 저하

생후 0~5개월 영아는 수유 중 호흡과 삼키기를 동시에 수행한다. 이때 감기, 콧물, 코막힘 등으로 인해 호흡이 어려워지면 수유를 거부하는 경우가 많다. 특히 콧물이 심하게 나오면 수유 시 숨쉬기가 불편해지고, 중이염이나 아구창 등의 감염성 질환에 걸리면 턱, 귀, 입안의 통증으로 인해 젖을 무는 것 자체를 싫어하게 된다.

- **해결책** 수유 전 코막힘이 있을 경우 비강 세정이나 흡입기로 코를 깨끗이 청소해 주고, 아기의 체온이나 백태, 염증 등 입안 상태도 주기적으로 확인해야 한다.

배앓이(영아산통)

배앓이는 생후 2~12주 사이에 주로 발생하며, 특정한 의학적 원인 없이 과민 반응처럼 울어대는 상태를 말한다. 일반적으로 하루 3시간 이상, 주 3회 이상, 3주 이상 지속될 때**3-3-3 법칙**를 배앓이로 본다. 공기를 과도하게 삼키는 수유 자세, 미성숙한 장운동, 장내 소화 효소의 부족, 부모의 긴장 상태 등이 원인으로 추정된다.

- **해결책** 수유 시 젖병 각도 조절, 공기 흡입 방지 기능이 있는 젖꼭지 사용, 충분한 트림 유도, 복부 마사지 등을 통해 아기의 불편감을 줄여주어야 한다. 또한, 하루 수유 총량이 아기 체중에 비해 과하지는 않은지, 수유 간격이 너무 짧지는 않은지도 점검해야 한다.

생후 0~5개월, 조급한 마음은 이해하지만 기다려주세요

생후 0~5개월 아기에게는 먹는 행동 자체가 '훈련'이자 '적응'입니다. 이 시기에는 아기의 발달적, 감각적, 정서적 반응이 수시로 변할 수 있으며, 이를 병적 반응으로 오해하여 무리하게 개입하기보다는 아기의 반응을 섬세하게 관찰하고 필요한 조치를 취하는 것이 중요합니다. 조급함보다 이해와 기다림이 필요하다는 사실을 꼭 기억하세요.

식사 거부의 원인은 다양하다 : 생후 6개월 이후

생후 6개월 이후는 수유 중심에서 이유식으로 식사 전환이 이루어지는 시기다. 오감이 완전히 발달하기 전에 낯선 재료와 조리 방식의 음식을 접하게 되므로, 이 시기에 아이들이 거부 반응을 보이는 것은 매우 자연스럽다. 이 시기의 이유식 거부는 일시적 거부와 지속적 거부로 나눌 수 있으며, 각각의 원인을 정확히 파악하고 이에 적절히 대처해야 한다.

일시적 거부

- **과도한 자극** 감각이 예민한 아이는 새로운 환경이나 변화를 스트

레스로 받아들이기 쉽다. 어린이집 등원, 이사, 양육자의 복직, 동생 출생 등의 환경 변화가 아이의 식사 의욕을 떨어뜨릴 수 있는데, 이 경우 새로운 식재료보다는 아이에게 익숙한 식재료 위주로 식사를 구성하고 식사 환경을 최대한 단순화해야 한다.

- **급성장기** 돌 무렵은 아이들이 성장 속도 변화를 경험하는 첫 번째 시기다. 생후 12개월까지는 신체 발달이 중심이 되지만, 그 이후부터는 신체 성장 속도가 다소 느려지면서 인지 발달이 급격히 일어난다. 이 시기에는 아이의 주의가 '먹는 것'보다 '주변 세계'로 확장되면서 식사에 대한 흥미와 집중력이 일시적으로 줄어들 수 있다. 말을 배우고, 걷고, 관찰하고, 탐색하는 활동이 증가하는 시기이기 때문에 이는 매우 자연스러운 반응이다.
  이러한 변화는 일시적이며 보통 생후 18개월 이전까지 서서히 회복되므로, 억지로 식사량을 늘리기보다 다양한 식재료와 식사 경험을 통해 자연스럽게 적응하도록 돕는 것이 바람직하다.

- **컨디션 저하** 질병, 감기, 예방접종 후 반응, 항생제 복용 등으로 인해 식욕이 일시적으로 저하되는 경우도 흔하다. 이때 억지로 먹이는 행위는 식사에 대해 부정적인 인식을 심어줄 수 있으므로 아이의 컨디션 회복을 우선시해야 한다.

이앓이 생후 6개월경 첫 유치가 나면서부터 식사를 거부할 수도 있다. 치아 뿌리가 형성되어 치아가 잇몸을 뚫고 자라면서 아이는 이앓이를 경험한다. 이 역시 자연스러운 성장 과정이지만 잇몸과 유치 사이에 낀 분유나 이유식 찌꺼기로 인해 잇몸이 붓고, 그로 인해 통증이 더 유발될 수 있다. 평소보다 구강 청결에 더 신경 쓰고, 시원한 과일이나 얼린 퓌레, 구강용 치발기 등을 활용하면 통증 완화에 도움이 된다.

날씨 변화 및 환절기 기압 변화 및 온도 차이로 인해 교감신경이 자극되면 아이가 피로, 통증, 불안정한 정서 반응을 경험할 수 있다. 특히 면역력이 낮아지는 환절기에는 장내 유해균이 증가해 변 상태가 변하고 식욕이 떨어지기 쉽다. 이 시기에는 가공식품 섭취를 줄이고, 자극이 적고 소화에 부담이 없는 식사를 제공해야 한다.

지속적 거부

자율성 형성 생후 10개월 전후로 자율성이 발달하면서 아이는 스스로 선택하고 통제하려는 욕구를 보인다. 자기주도성이 강한 아이는 양육자가 먹여주는 것을 거부하고 스스로 먹으려고 시도하기도 한다. 아이가 자기주도적으로 먹을 수 있도록 식기를 제공하고, 천천히 탐색할 수 있는 환경을 만들어주는 것이 중요하다.

- **잘못된 이유식 지도** 감각이 예민한 아이에게는 식재료가 고스란히 느껴지는 '토핑 이유식'이 부담스러울 수 있다. 빨고자 하는 욕구가 강한 아이들은 고형물에 적응이 끝나면 입안에 가득 차게 먹는 것을 선호하는 경우가 많다. 그런데 손이나 도구 사용이 아직 미숙한 시기에 자기주도적으로 식사하려 시도하다 보면 입안에 가득 차는 만족감이 떨어져, 식사 도중 짜증을 내거나 울음을 터뜨리기도 한다. 아이가 자신의 성향과 맞지 않는 방식으로 식사를 반복하다가, 식사 자체를 스트레스로 인식하여 거부할 수도 있다. 또, 양육자가 먹이는 것에만 집중하거나 지속적으로 식사를 강요하면, 아이가 식사 시간을 두려워하거나 지루하게 느껴 점점 자기주도성을 잃으면서 식사 집중도가 떨어질 수 있다.

- **소화기능 미성숙** 영유아기의 위장관은 아직 완전히 성숙하지 않아서, 적정 섭취량을 넘는 음식이나 특정 식재료에 불편함을 느낄 수 있다. 이 경우 변비, 설사뿐 아니라 음식 거부, 편식, 당류 집착, 과식 등의 반응이 나타난다. 이러한 반응이 지속된다면 하루 식단의 양, 간격, 음식의 식감 등을 전반적으로 점검해야 한다.

- **수면** 불규칙한 수면 패턴 및 낮은 수면의 질은 스트레스 요인이

된다. 수면으로 인한 스트레스 상황이 길어지면 아이는 식욕을 잃고, 교감신경이 자극되어 잠들기가 더 어려워지며, 투정이나 짜증도 늘어난다. 따라서 영유아기의 원활한 발달과 건강한 식습관 형성을 위해서는 적절한 수면 지도를 병행해야 한다.

월령별 적정 수면 기준

개월	깨어 있는 시간 (잠과 잠 사이 간격)	낮잠 횟수 (평균)	낮잠 시간 (1회 최대)	총수면 시간 (낮잠+밤잠)
2개월	1시간 15분~1시간 30분	4~6회	5시간	14~17시간
3개월	1시간 30분~2시간	4~5회	4시간	12~15시간
4개월	1시간 50분~2시간 15분	3~4회	3시간 30분~4시간	12~15시간
5개월	2~2시간 30분	3회	3시간 30분	12~15시간
6개월	2~3시간	2~3회	3~3시간 30분	12~15시간
7개월	2시간 45분~4시간	2~3회	2시간 30분~3시간	12~15시간
8개월	3~4시간	2회	2시간 30분~3시간	12~15시간
9개월	3시간 15분~4시간	2회	2시간 30분	12~15시간
10개월	3시간 30분~4시간 15분	2회	2시간 30분~3시간	12~15시간
11개월	3시간 30분~4시간 30분	2회	2시간 30분~3시간	11~15시간
	4시간 30분~6시간	1회	2시간 30분~3시간	11~14시간
12~18개월	4~5시간	2회	2시간 30분~3시간	11~14시간
	4시간 30분~6시간	1회	2시간 30분~3시간	11~14시간
19~22개월	5~6시간	1회	2시간 30분~3시간	11~14시간
23~36개월	낮잠 없을 수 있음	0~1회	0~3시간	11~14시간

(출처: 슬립베러베이비)

2주 이상 이어지는
밥태기 해결법

주는 족족 잘 먹던 아이도 어느 날 갑자기 입을 꾹 다물고, 밥상만 보면 도망가려고 할 때가 온다.

'이러다가 계속 안 먹으면 어떡하지?'

이유도 모르는 채 반복되는 식사 거부 앞에서 부모의 불안은 점점 커진다.

하지만 우선 기억해 두자. '밥태기'는 성장 과정에서 흔히 나타나는 자연스러운 반응이다. 영유아기에는 감각 발달과 자율성 형성이 동시에 이루어지기 때문에, 아이가 기존에는 잘 먹던 음식도 갑자기 낯설고 불편하게 느낄 수 있다.

특히 미각이나 촉각이 예민한 아이들은 질기고 씹기 어려운 식재료, 향이 강하거나 알갱이가 도드라지는 음식에 민감하게 반응한다. 소고기나 닭고기를 씹다가 삼키기 어려워하거나, 밥알의 알갱이 느낌 자체를 불편하게 느껴 거부하는 경우도 있다.

쌍둥이도 예외는 아니었다. 쌍둥이가 돌을 갓 지났을 무렵, 돌잔치와 이사로 정신없는 나날이 이어졌다. 이사 간 집은 아직 인테리어가 마무리되지 않아 어수선했고 그 와중에 첫째가 고열로 식사를 완전히 거부하기 시작했다.

첫째의 식사 거부는 곧바로 둘째에게도 영향을 미쳤다. 같이 안 먹고, 같이 고개를 돌리고, 같이 밥상에서 벗어나려 발버둥 쳤다. 마무리되지 않은 인테리어와 보수공사로 낯선 사람들의 출입이 잦은 집 그리고 감정적으로 여유가 없었던 나. 바쁘고 불안정하고 어수선하다는 핑계로 아이들에게 다정하게 반응하지 못했던 내 태도 역시 영향을 주었을 테다.

그렇게 쌍둥이의 지독한 밥태기는 3개월 넘게 이어졌다. 두 아이 모두 어느 날은 맨밥만 먹으려고 했다가, 또 어느 날은 맨밥조차 입에 대지 않았다. 당시 아이들의 식사 거부는 발달 과정에서 일어난 상황이라기보다 환경의 변화, 정서적 불안, 양육자의 반응이 복합적으로 작용한 결과였다.

나는 밥태기에서 벗어나기 위해 쌍둥이가 편안하게 받아들이는 식재료만 골라 그 안에서 식사를 구성했다. 그나마 잘 먹었던 무,

고기, 밥, 이 세 가지를 중심으로 최대한 단순하게 식사를 유지했다. 거부감을 줄이기 위해 새로운 시도는 잠시 멈추고, 아이가 편안함을 느끼는 경험을 반복적으로 제공했다. 쌍둥이가 바뀐 환경에서 안정감을 회복하고 밥태기에서 벗어나기까지는 생각보다 긴 시간이 걸렸지만, 지금은 둘 다 밥 잘 먹는 어린이로 자라고 있다.

일시적인 식사 거부는 대개 며칠에서 길어야 1~2주 이내에 자연스럽게 회복된다. 하지만 밥태기가 2주 이상 지속된다면 다음 항목을 점검해 봐야 한다.

- **식사 간격**: 이전 식사로부터 충분한 시간이 지났는가?
- **총섭취량**: 하루 동안 먹는 양이 모두 얼마나 되는가?
- **간식**: 간식 횟수나 양이 식사량에 영향을 주고 있는가?
- **환경 변화**: 이사, 어린이집 등원, 부모의 감정 변화 등이 있었는가?
- **건강 상태**: 감기, 이앓이, 수면 부족 등이 식욕 저하로 이어졌는가?

특히 식사 간격이 너무 짧거나 간식이 자주 제공되면, 아이의 위는 늘 포만 상태이므로 '배고픔'이라는 자연스러운 신호가 사라져 버린다.

엄마들이 모르는 밥태기 해결법 ① 가짓수 줄이기

밥태기가 왔을 때는 음식의 '종류'를 늘리는 것보다 가짓수를 줄이는 것이 오히려 효과적일 수 있다. 너무 많은 음식이 한 상에 올라오면 오감이 예민한 아이일수록 감각 과부하를 느끼고, 식사 집중도마저 떨어질 수 있기 때문이다.

그래서 추천하는 것이 바로 '1·1·2 원칙'이다.

- **단백질 1가지:** 육류, 해산물, 달걀, 두부 등
- **탄수화물 1가지:** 밥
- **섬유질 2가지:** 채소 반찬 또는 섬유질을 포함한 국물 음식

익숙하고 안정적인 조합부터 시작해 식사에 대한 부담을 줄여주는 것이 핵심이다.

1·1·2 원칙에 맞춰 단순하게 구성한, 생후 12~18개월 무렵 쌍둥이의 식사

엄마들이 모르는 밥태기 해결법 ② 조리 방법 바꾸기

아이가 잘 안 먹던 식재료도 조리 방법을 바꾸면, 아이의 반응이 달라질 수 있다. 구운 고기 대신 다진 고기를 부드럽게 찌거나, 갈아서 완자처럼 조리하면 아이가 훨씬 수월하게 먹을 수 있다. 또한 부드럽고 촉촉한 식감, 국물이나 소스가 함께 있는 형태는 입안의 저항감을 줄여주어 감각이 예민한 아이들에게 잘 맞는다.

예민해서 밥을 거부하는 아이라면, 숟가락도 점검!

정말 다 해봤는데도 안 먹는다면, 숟가락을 의심해 보자. 입안 감각이 유달리 예민한 아이는 이유식 숟가락처럼 너무 크거나 두껍고 단단한 도구 자체를 불편하게 느낀다. 입에 들어오는 감각 자극이 너무 강하면 음식이 아니라 숟가락을 거부하는 경우도 있다. 따라서 숟가락을 좀 더 얇고 유연한 소재로 바꾸는 것만으로도 식사 거부 반응을 줄일 수 있다.

건강에 이롭지만,
소화하기 버거울 수도 있는 식재료

사과 | 사과는 섬유질이 많아 장 건강에 이롭지만, 유아가 껍질째 먹으면 소화하기 어려울 수 있어요. 처음으로 제공할 때는 껍질을 제거하고 과즙 형태로 소량 제공하는 것이 좋아요. 특히 아이의 컨디션이 좋지 않거나, 묽은 변이나 가스가 잦은 영유아기 아이라면 사과 과육보다는 즙이나 퓌레 형태로 시작하는 것이 안전합니다.

토마토 | 토마토는 리코펜과 비타민C가 풍부하지만, 천연 산 성분이 위산 분비를 촉진할 수 있고, 질긴 껍질은 소화가 어려워 위장 자극을 유발할 수 있어요. 생후 18개월 이전까지는 껍질을 제거하거나 작게 잘라 주는 것이 안전합니다. 씨 부분은 알레르기 유발 우려가 있으니 변 상태가 불안정하거나 컨디션이 예민하다면 주의와 관찰이 필요합니다.

유제품 | 유제품은 단백질(카세인)과 지방이 들어 있어 소화기관이 미성숙한 아이에게는 부담스러울 수 있어요. 장염, 감기, 고열 시에는 우유 단백질이 장 점막을 자극하거나 소화에 부담을 줄 수 있으므로 일시적으로 제공을 중단하는 것이 좋아요.

고구마 | 고구마는 식이섬유와 비타민이 풍부한 좋은 탄수화물원이죠. 그러나 탄닌 성분이 위산 분비를 촉진할 수 있고, 과량 섭취 시 장내 발효되어 가스를 유발할 수 있습니다. 소화력이 약하거나 변비, 복부 팽만감이 있는 아이라면 소량만 제공하고 물 섭취를 함께 유도해야 합니다.

김 | 김은 미네랄과 섬유질이 풍부하나 불용성 섬유질 함량이 높아, 가스가 자주 차거나 변비나 설사를 반복하는 아이의 경우 섭취량을 조절해야 합니다.

밤 | 밤은 탄수화물, 단백질, 미네랄이 풍부하지만, 소화가 잘되지 않는 녹말로 이루어져 소화기관이 미성숙한 영유아에게는 부담스러울 수 있어요. 반드시 익혀서 퓌레나 으깬 형태로 시작하는 것이 좋아요. 위장 기능이 약한 아이라면 양 조절이 필요하며, 변비를 유발할 수 있으니 물과 함께 제공해야 합니다.

작게 태어났다고 해서 많이 먹이는 게 해답은 아니다

둘째는 작게 태어났지만, 대찬 울음소리와 함께 세상에 나왔다.

"작아도 첫째보다 더 크게 울면서 나오네요."

출산 직후 의사의 말이었다. 2.3kg으로 태어난 둘째는 부기가 빠지며 조리원 입소일에는 1.9kg까지 체중이 떨어졌다. 아이가 작아서 걱정이 컸던 나에게 조리원 선생님은 "이렇게 작은 아이가 이만큼 모유를 잘 빠는 경우도 드물어요. 보통은 힘이 없어서 오래 못 빠는데 30분씩 꾸준히 먹는 거 보니까 살도 금방 붙을 것 같아요"라고 말했다.

문제는 따로 있었다. 둘째는 먹기는 잘 먹었지만 계속 토를 했다. 조리원 퇴소 후 집에 왔어도 상황은 마찬가지였다. 여전히 잘 먹었지만 계속 게워 냈다. 가뜩이나 작게 태어난 아이라 가족들의 걱정이 컸다. 오동통하게 살이 오른 첫째와 비교하니 둘째가 더 작아 보였다.

젖병이 문제인가 싶어 젖병을 바꾸고, 수유 자세가 문제인가 싶어 수유 자세도 바꾸고, 트림을 오래 시키면 나아질까 싶어 30분씩 등을 두드려봤지만 게워 내는 건 개선되지 않았다.

어떻게 해야 할지 고민하는 나에게 도우미 이모님은 토한 만큼 더 먹여야 한다고, 많이 먹여서 뱃구레를 키워야 살이 찐다고, 그러지 않으면 또래보다 계속 작을 거라고 말했다. 초보 엄마였던 나는 이 말에 흔들렸지만, 아이의 반응에 맞춰 오히려 먹는 양을 줄이기로 결정했다.

토한다는 건 결국 위장이 음식의 양을 아직 감당할 수 없다는 뜻이다. 신생아기와 영아기의 위는 수직에 가깝고 용량도 작기 때문에, 한 번에 많은 양을 넣으면 위 내 압력이 상승해 게워 내기 쉽다.

게다가 위장 기능은 신경계와 밀접하게 연결되어 있다. 무리하게 많은 양을 반복적으로 먹이면, 위장은 본래의 수축과 이완 리듬을 잃고 소화가 끝나기도 전에 또다시 밀려 들어오는 음식물에 적절히 반응하지 못하게 된다. 이러한 상황이 반복되면 위장관의 생리적 리듬이 흐트러지고, 자율신경계의 조절에도 영향을 주어 아이가 점점 소화에 예민해지거나 불규칙한 섭취 반응을 보이게 된다.

많이 먹는 것과 잘 먹는 것은 다르다. 식습관은 연속성이 중요하다. 오늘 더 먹인다고 해서 내일 당장 잘 먹는 아이가 되지는 않는다. 오늘 많이 먹는다고 해서 더 빨리, 잘 크지도 않는다. 중요한 건 아이가 자기 컨디션에 맞는 양을 편안하게 받아들이는 것이다.

나는 한 번에 많이 먹이지 않고, 대신 수유 횟수를 늘려 아이가 무리 없이 소화할 수 있도록 했다. 첫째에게 하루에 6번 수유했다면 둘째에게는 하루에 8번으로 나누어 수유하며 아이의 소화 리듬을 고려해 주자, 자연스럽게 토하는 횟수가 줄어들었고 먹는 양도 서서히 늘어났다. 작게 태어나 걱정이던 둘째는 돌 무렵 또래 평균 성장 속도를 따라잡았다.

식습관 컨설팅을 하다 보면, 아이가 작다는 이유로 먹는 것에 관대하고 허용적인 부모들을 자주 만난다. 나는 그때마다 둘째 이야기를 들려준다. 아이의 성장은 오늘 하루로 완성되는 것이 아니니 오늘 한 끼를 많이 먹이려고 애쓰기보다, 앞으로 꾸준히 가져갈 식습관을 올바로 만들어주는 것이 중요하다고 말이다.

편식은 자연스러운 성장 과정의 일부

"아이가 브로콜리를 안 먹어요!"

아이가 브로콜리를 먹지 않는다고 무조건 '편식'으로 단정 짓기는 어렵다. 편식은 단순히 특정한 음식과 채소를 먹지 않는 게 아니라, 특정한 식품군 전체를 먹지 않는 것을 말한다. 아이가 브로콜리 외에 다른 섬유질 식품들은 잘 먹는다면, 그건 편식이 아닌 아이의 '기호'일 수 있다. 이럴 때는 브로콜리를 억지로 먹이려 하지 말고, 섬유질이 풍부한 다양한 식재료를 자연스럽게 반복적으로 노출하여 아이의 식재료 수용 범위를 조금씩 넓히는 것이 바람직하다.

편식은 옳고 그름의 문제가 아니며, 아이의 잘못도 아니다. 아이들은 대부분 채소를 좋아하지 않는데, 이는 진화의 측면에서 설명할 수 있다. 인류는 오랫동안 자연에서 식물을 채집하며 살아왔고, 그 과정에서 독성이 있는 식물을 구분하고 이를 피하기 위해 '쓴맛 회피'라는 생존 본능이 발달했다. 그래서 본능적으로 채소의 쓴맛을 거부하는 경향이 있다.

게다가 아이들은 성인보다 미각세포의 밀도가 훨씬 높다. 맛을 느끼는 미각세포가 혀뿐 아니라 입천장, 목구멍까지 입안 전체에 퍼져 있으며, 성인보다 약 3배 가까이 많다. 성인이 되면서 미각세포가 퇴화하거나 덜 민감해지면서 쓴맛을 덜 느끼게 된다.

그러니 채소의 쓴맛이나 강한 향을 훨씬 더 강하고 날카롭게 느낄 수밖에 없다. 즉, 아이들의 채소 거부는 '입맛 문제'가 아닌, 감각적으로 아직 받아들이기 힘든 고자극 때문일 수 있다.

이러한 반응은 단지 민감성 때문에 일어나는 것만이 아니라, 푸드 네오포비아Food Neophobia라는 자연스러운 성장 과정의 일부이기도 하다.

푸드 네오포비아는 새로운 음식을 접했을 때 불편감이나 두려움을 느끼며 거부 반응을 보이는 것을 말한다. 이 반응은 이유식을 시작하는 생후 6개월 전후부터 나타나기 시작해 만 2~5세 사이에 가장 뚜렷하게 나타난다. 정도의 차이는 있지만 대부분의 아이들이 이 시기를 자연스럽게 겪으며 지나간다.

만 2~5세는 양육자가 주는 음식만 먹던 시기를 지나 스스로 음식을 선택하고 통제하려는 자율성이 자라는 시기다. 이때는 새로운 맛, 향, 식감에 거부 반응을 보이기 쉽고, 익숙한 몇 가지 음식만 고집하거나 처음 보는 식재료에 강한 거부감을 드러내기도 한다.

보통 만 6세가 지나면서 이런 거부 반응은 점차 줄어들지만, 만 2~5세 시기에 다양한 식재료를 접하지 못하면 편식이 더 오래 지속될 수 있다. 그래서 이 시기에 다양한 식재료를 반복적으로 노출하는 것이 중요하다.

양육자가 낯선 음식 앞에서 긍정적인 태도로 식사하는 모습을 보여주고, 아이가 스스로 탐색하고 시도할 수 있도록 도와야 한다. 예를 들어, 새로운 채소 반찬을 보며 "이건 어떤 맛일까? 엄마는 맛있을 것 같아"라고 말하거나, 아이 앞에서 먼저 한 입 먹고 "음, 생각보다 맛있네"라며 자연스럽게 긍정적인 반응을 보여주는 것이다. 이런 태도는 아이에게 낯선 음식을 두려워하기보다, 오히려 궁금해하고 스스로 탐색해 보고 싶은 마음이 들게 한다.

아이가 스스로 관심을 가지고 먹으려 시도할 수 있는 분위기를 만들어주는 것이 무엇보다 중요하다. 이런 경험이 쌓이면 아이는 점차 음식에 대한 두려움이 줄어들며 새로운 식재료를 자연스럽게 수용하게 된다. 동물은 본능적으로 특정한 먹이를 선호하거나 피한다. 그러나 사람의 맛 선호도는 '경험'에 따라 달라진다. 쓴맛을 싫어하는 본능은 생존을 위한 진화적 기제지만 커피, 홍어, 청국장처럼 본능적인 거부감을 넘어 기호로 자리 잡은 음식들도 있다. 반대로 어떤 사람은 단맛처럼 본능적으로 선호하는 맛을 불쾌하게 느끼기도 한다.

아이도 마찬가지다. 모든 채소를 다 거부하는 식으로 특정한 식품군을 완전히 거부하거나 성장과 건강에 문제가 없다면, 강요하지 말고 아이의 적응 속도에 맞춰 기다려 주어야 한다.

아이의 편식은 부모의 이해와 반복적인 노출 경험을 통해 충분히 완화될 수 있다.

아이의 탐색 호기심을 자연스럽게 이끌어내는 부모의 말

억지로 먹이기보다, 아이가 '스스로 호기심을 느끼게' 만들어보세요.

- "이건 무슨 맛일까? 엄마는 처음 먹어보는데, 기대돼!"
  부모도 처음 먹어보는 것처럼 말하면 아이의 경계심이 낮아집니다.

- "한번 냄새만 맡아볼래?"
  먹기 전에 감각 탐색부터 시작하도록 유도하는 말로 "먹어봐"보다 훨씬 덜 부담스럽습니다.

- "엄마가 한 입 먹어볼게. 음, 맛있다! 너는 어떤지 궁금해."
  탐색 → 관찰 → 따라 하기 흐름을 유도합니다.

- "이건 ○○랑 색깔이 비슷하지? 무슨 냄새가 나는 것 같아?"
  시각과 후각을 연결해 친근하게 느끼도록 도와주고, 단지 '먹을 것'이 아닌 '탐색할 대상'으로 아이의 사고를 전환해 줍니다.

- "접시에 올려만 놔도 돼. 먹지 않아도 괜찮아."
  강요하지 않을수록 아이는 오히려 더 자발적이 됩니다. 아이에게 선택권을 주고, 식사 공간에 노출되도록 유도합니다.

두 돌 이후, 아이의 편식이 두드러질 때 하지 말아야 할 행동

두 돌이 지나면서 아이들의 자율성은 급격하게 발달하고, 미각과 감각, 사회적 모방 능력도 빠르게 자란다. 자기 뜻대로 하고 싶은 욕구가 커지는 반면에 아직 말이나 감정을 조절하는 능력은 부족해서 툭하면 “싫어”, “안 할래”라며 짜증을 내거나 떼를 쓰고, 뭐든 “내가 할래!”라며 스스로 하려는 자기주도성이 강해지는 시기다. 그러는 한편으로 부모의 반응을 살피며 자기 행동을 조절하는 시기이기도 하다.

이런 특성들로 인해 그동안에는 별문제가 없던 식사에서도 편식이나 식사 거부가 두드러지기도 한다. 이런 변화에 부모가 너무 민감하게 반응하면, 아이에게 ‘식사 자체’가 부정적인 경험으로 남을 수 있다.

특히 다음과 같은 행동은 편식을 더 악화시킬 수 있으므로 주의가 필요하다.

강요, 협박, 비교하는 말

"안 먹으면 키 안 큰다", "○○이는 다 먹던데 너는 왜 안 먹어?", "밥을 먹어야 엄마가 안 힘들지. 너 때문에 밥 먹을 때마다 힘들어"와 같은 말은 아이에게 죄책감, 스트레스, 수치심을 유발할 수 있다. 이런 표현들은 아이의 뇌에 식사 시간 자체를 감정적으로 불쾌한 경험으로 각인시킨다.

다시 한번 말하지만 편식은 단순히 '고쳐야 할 버릇'이 아니라 감각, 기질, 환경, 발달이 복합적으로 작용한 결과다.

식사와 보상을 연결

음식은 아이에게 보상도 벌도 아니어야 한다. 보상으로 식사를 유도하면 아이는 식사가 아닌 보상에만 집중하게 되고, 식사는 그저 '참아내야 할 일'이 되어버린다.

아이의 식사 거부가 장기화되면 물론 걱정스럽지만, 이 시기는 아이가 식사라는 경험을 자기만의 속도로 받아들이는 과정의 일부다. 양육자가 먼저 조급함을 내려놓고, 아이의 반응을 관찰하며 조율해 나가야 한다. 잘 먹는 아이로 자라길 바란다면서 '많이 먹는 아이'로 만들 게 아니라, '스스로 조절할 줄 아는 아이'로 이끌어야 한다.

"많이 먹네!"는 식사량 중심의 칭찬

생후 24개월 전후로 아이는 점차 타인의 감정과 반응에 민감해진다. 이 시기에 '많이 먹는 것'에 대해 칭찬을 받으면, 양육자의 관심을 끌기 위해 무리해서 먹는 행동이나 과식이 습관처럼 굳어질 수 있다. 아이에게 진짜 필요한 건 배가 부르면 그만 먹을 수 있는 자기조절 능력이다.

식사는 양이 아니라 '경험'으로 바라봐야 한다. 칭찬의 초점을 '식사량'이 아니라 식사 도구를 올바르게 사용하는 모습, 새로운 식재료에 도전하는 용기, 집중해서 먹는 태도 등에 맞춰야 한다. 적절한 칭찬은 아이가 자존감과 자기조절 능력을 키우는 데도 도움이 된다.

편식하는 아이에게 적절한 칭찬

- 스스로 떠먹는 모습이 멋지다.
- 포크를 잘 사용하네.
- 처음 먹는 음식인데도 용감하게 도전했네.
- 입에 넣어 본 것만으로도 멋진 일이야.
- 오늘은 자리에 잘 앉아서 식사했네. 집중해서 먹으니까 정말 멋있어.
- 밥 먹는 동안 장난 안 치고 먹으니까 정말 의젓해.
- 골고루 먹는 모습을 보니까 정말 기특해.
- 엄마가 만든 음식을 골고루 먹어줘서 행복해.

아이가 안 먹는다고, 배고플 때까지 그냥 굶기면 해결될까요?

"밥 잘 안 먹는 아이, 굶기면 먹을까요?"라는 고민글을 여기저기서 심심치 않게 볼 수 있다. '배고프면 먹겠지' 싶어 식사 시간을 건너뛰거나 일부러 굶기면 과연 아이가 잘 먹게 될까?

이 방법에는 주의할 점이 있다. 영유아기의 아이는 신체가 작아서 에너지 저장량도 적기 때문에, 일정 시간 이상 공복이 지속되면 '배고픔'보다 저혈당 증상이 먼저 나타날 수 있다. 저혈당이 오면 혈당을 빠르게 끌어올리기 위해 당류에 더 강하게 집착하게 되고, 식욕은 회복되지 않은 채 예민해져 울거나 떼를 쓰는 행동이 나타난다.

실제로 영유아기에 저혈당을 반복적으로 경험하면, 아이의 성

장 발달뿐 아니라 인지 기능과 정서 안정에도 부정적인 영향이 미칠 수 있다는 연구 결과도 있다.•

배고프면 먹는다는 공식이 모든 아이에게 적용되는 것은 아니다. 특히 감각이 예민한 아이, 불안정 애착을 형성한 아이, 식사에 부정적인 기억이 있는 아이는 아무리 배가 고파도 심리적인 거부감이 우선 작용하여 '먹지 않는 선택'을 하게 된다.

그래서 무작정 굶기기보다 먼저 '아이가 왜 먹지 않으려는 걸까?'를 들여다봐야 한다. 아이들에게 식사는 단순히 열량을 채우는 것이 아니라 관계와 경험의 총합이다. 따라서 무조건 굶긴다고 해서 아이의 식사주도성이 올라가지는 않는다.

'완밥 레시피'보다 더 중요한 것은 아이가 주도적으로 꾸준히 식사해 나갈 수 있도록 소화에 부담 없는 식단 구성과 규칙적인 식사 리듬을 제공하여, 식사 시간이 되면 자연스럽게 배고픔을 느끼고 주도적으로 식사를 시작하는 패턴과 환경을 만들어주는 것이다.

아이가 '왜 먹지 않으려는지'를 관찰해 원인을 찾고 문제를 해결하도록 도와주는 게 부모의 역할이다. 아이가 스스로 먹고 싶어 하는 마음을 조금씩 키워 가도록 돕는 것이야말로 진짜 '잘 먹는 아이'를 만드는 첫걸음이다.

• Cryer PE.(2005), "Hypoglycemia in Children"(소아 저혈당).

집에서는 안 먹고,
밖에서만 잘 먹어요!

최근에 생후 13개월 여아의 식습관을 컨설팅했다. 엄마는 아이가 등원을 시작한 어린이집에서는 죽이든 밥이든 가리지 않고 잘 먹는데, 집에서는 도통 먹으려 하지 않아 고민이라고 했다. 어린이집에서는 그냥 잘 먹는 수준을 넘어 손으로 직접 먹으려고까지 한다는 말에 무척 놀랐다고 했다.

상담을 해보니, 아이는 돌이 지나도록 가정 내에서 한 번도 주도적으로 식사해 본 경험이 없었다. 엄마는 아이가 음식을 흘리거나 남기면 큰 스트레스를 받았기에, 아이의 수저 사용이나 식재료 탐색을 허용하지 않았다.

"○○이가 이렇게 하지 않으면 밥 안 먹어요"라며 100% 엄마 주도로 식사가 이루어지고 있었다. 아이에게 자기주도성이 생기기 시작하는 시기였지만, 스스로 해볼 기회가 주어지지 않았다. 자기주도성을 잃은 식사 시간에 아이가 적극적이지 않은 건 당연한 반응이다.

반면, 어린이집에서는 다른 아이들과 함께하며 스스로 먹을 수 있는 환경이 자연스럽게 열려 있었다. 집에서는 수동적으로 억지로 받아먹던 아이가, 어린이집이라는 덜 통제된 환경 속에서는 혼자서 손으로 먹으려는 시도까지 하게 된 것이다.

그래서 가정 내에서도 아이에게 수저와 식판을 제공하도록 엄마를 설득했다. 처음에는 바뀐 환경에 적응이 되지 않는지 식판 위 음식을 손으로 콕콕 건드리기만 하던 아이는 일주일 만에 손으로 밥을 집어 먹기 시작했고, 2주 만에 처음으로 포크질에 성공했다.

아이가 집에서는 잘 먹지 않는데 기관에 가서 잘 먹으면, 양육자는 당혹감을 넘어 일종의 배신감까지 느끼기도 한다. 하지만 이런 차이는 단순히 장소나 음식의 차이 때문이 아니라 자기주도성, 인정욕구, 정서적 여유, 사회적 자극 같은 다양한 요인이 복합적으로 작용한 결과로 볼 수 있다.

'밖에서는 잘 먹고, 집에서는 안 먹는 아이'는 다음과 같이 강한 인정욕구 특성을 보이거나, 이 모든 특성이 함께 얽혀 있을 수 있다.

강한 인정욕구

- ☐ 아이가 칭찬받을 때 유독 기분이 좋아지며, 같은 행동을 반복하려는 경향이 있는가?
- ☐ 실수하거나 잘하지 못했을 때 쉽게 자책하거나 눈치를 보는가?
- ☐ 잘하지 못할까 봐 아예 시작하지 않는가?
- ☐ 주변 어른(선생님, 다른 어른)에게 잘 보이려는 행동을 자주 하는가?
- ☐ 친구들보다 잘하려는 마음이 강하거나 경쟁심이 자주 드러나는가?
- ☐ '칭찬'이나 '격려'에 민감하며, 이를 의식하여 행동하는 모습을 보이는가?
- ☐ 집보다 어린이집이나 외부에서 더 잘 먹고, 더 예의 바른 태도를 보이는가?

아이에게 인정욕구는 단순히 '칭찬받고 싶다'가 아니다. 스스로를 소중한 존재로 느끼고, 사랑받고 있음을 확인받으려는 본능적인 욕구다. 가정 내에서 인정욕구가 충분히 충족되지 않으면 아이는 기관, 친구, 선생님과 같은 외부 환경에서 그 욕구를 채우려 한다. 그 결과 선생님에게 칭찬받고 싶거나 친구들에게 '잘하는 아이'로 보이고 싶어서, 먹기 싫은 것을 억지로 먹기도 하고 과식하는 패턴을 보이기도 한다.

사회적 모방 능력이 활발해지는 이 시기에는 다른 아이들이 먹는 모습을 보고 따라 하며 새로운 식재료에 도전하는 경우도 많다. 즉, 아이가 집보다 외부에서 더 잘 먹는 것은 단순히 음식의 맛이나 메뉴 때문이 아니라, '인정받고 싶은 마음'과 '사회적 상황'이 만나 만들어낸 결과일 수 있다.

'강한 인정욕구 체크리스트'에 체크한 항목이 많을수록 아이가 "나를 인정해 줘, 사랑해 줘"라는 마음을 행동으로 표현하는 것일 가능성이 높다. 이럴수록 결과가 아닌 과정 중심의 피드백, 자율성을 존중하는 말투 그리고 함께하는 경험을 통해 정서적 안정감을 제공하는 것이 중요하다.

인정욕구가 강한 아이들에게 양육자가 무심코 자율성을 제한하거나 결과 중심의 피드백을 반복하면, '잘 먹는 모습'으로 인정받으려는 경향이 더 강해질 수 있다. 가정에서 받는 관심이 부족하다고 느끼면 식사에 대한 동기 부여가 떨어지고, 이것이 식사 거부 반응으로 이어지기도 한다. 잘 먹는다고 무조건 "최고야!"라고 말하거나, 못 먹는다고 "너 또 안 먹었어?"라고 말하는 것은 아이를 혼란스럽게 할 수 있다.

✕ 세상에서 ○○이가 제일 잘 먹네. 기준 없는 칭찬

✕ 너는 당근은 안 먹잖아. 결과 중심 평가

○ 먹어보려고 한 것만으로도 잘했어. 억지로 안 먹어도 괜찮아. 과정 중심 칭찬

○ 먹을 수 있을 때 말해 줘. 같이 먹어보자. 선택권 부여

○ 먹을 수 있는 양만큼 직접 덜어봐. 자율성 존중

사회적 분위기

- [ ] 식사 시간에 TV, 스마트폰 등 방해 요소 없이 조용한 환경을 조성했는가?
- [ ] 식사 중 양육자가 아이에게 잔소리나 감정적인 반응을 자제하는 편인가?
- [ ] 식재료나 먹는 양과 관련해 비난보다 격려와 칭찬을 중심으로 하는가?
- [ ] 식사 시간이 아이에게 안정감 있는 '하루 루틴'으로 자리 잡았는가?
- [ ] 가족이 함께하는 식사 횟수가 하루에 1번 이상 또는 주 3~4회 이상인가?
- [ ] 식사 시간이 여유로운가?
- [ ] 아이가 식탁에서 긴장하거나 눈치 보지 않고 편안하게 식사하는가?
- [ ] 식사 중에 아이가 자유롭게 자신의 기호나 감정을 표현할 수 있는 분위기인가?

아이의 식사 행동을 단지 '배가 고파서 먹는다'는 생리적 메커니즘만으로 설명할 수는 없다. 사회적 분위기, 즉 누구와 함께, 어떤 분위기에서 식사하느냐에 따라 아이의 식사 반응은 달라질 수 있다. 가정에서 불편한 분위기 속에 식사를 하거나, 양육자가 식사 중에 반복적으로 잔소리를 하거나 감정적으로 반응하면 아이는 식사 자체를 회피하게 된다.

반면에 유치원이나 어린이집처럼 밝고 일관된 분위기, 긍정적인 말이 오가는 환경에서는 식사에 대한 경계심이 자연스럽게 줄어들고, 스스로 식사에 참여하려는 동기가 생겨난다. 무엇을 먹느냐보다 '먹는 분위기가 어떤가'가 더 중요할 수 있다. 아이가 밥을 잘 먹지 않는다면, 먼저 '가정의 식사 분위기'부터 점검해야 한다.

'사회적 분위기 체크리스트'에 체크한 항목이 많을수록, 식사 공간이 아이에게 안정감과 정서적 여유를 제공하는 안전한 공간일 가능성이 높다. 이런 분위기 속에서 아이는 자율성과 자기표현 그리고 식사에 대한 긍정적인 경험을 자연스럽게 쌓아갈 수 있다.

체크한 항목이 적다면 아이가 식사 시간에 긴장할 가능성이 있고, 이것이 식사 거부, 편식, 집중력 저하 등으로 이어질 수 있다. 식사 시간은 '잘 먹이는 시간'이 아니라, 아이와 정서적으로 연결되는 시간이라는 걸 잊지 말자.

또래 영향력

- ☐ 아이가 또래 친구가 먹는 음식에 관심을 보이는가?
- ☐ 친구들과 함께 있을 때, 새로운 식재료나 음식에 더 적극적인가?
- ☐ 기관에서 식사를 시작한 이후 식습관 변화를 보인 적이 있는가?
- ☐ 친구가 잘 먹는 음식을 따라서 먹으려는 모습을 보인 적이 있는가?
- ☐ 혼자 있을 때보다 친구들과 함께 있을 때 식사량이 늘어나는가?
- ☐ 친구가 싫어하는 음식을 자신도 거부하거나, 같이 남기려고 하는가?
- ☐ 친구가 칭찬받는 모습을 보며 자신도 비슷하게 행동하려 하는가?
- ☐ 친구와 놀 때 '밥 먹기 놀이', '요리 놀이' 등을 하며 자주 흉내 내는가?

유아기 아이들은 강한 사회적 모방 능력을 가지고 있다. 이 시기의 아이는 양육자의 지시보다 '또래 친구의 행동'에 훨씬 빨리 반응한다. 한 친구가 잘 먹는 모습을 보면 따라서 먹으려 하고, 모두가 잘 먹는 식재료라면 별다른 경계 없이 시도하는 모습을 보이기도 한다.

그래서 또래와 함께 먹는 식사 경험은 편식을 줄이는 데 효과적인 자극이 될 수 있다. 또래 영향력을 긍정적으로 활용하려면 함께 먹는 경험을 늘리고, 친구들과 식사 놀이를 하며 그 과정에서 다양한 식재료를 노출해야 한다. 강요하는 것보다 훨씬 자연스럽고 효율적인 식사 적응법이 될 수 있다.

'또래 영향력 체크리스트'에 체크한 항목이 많을수록 아이의 사회적 모방 능력이 활발하게 작동하고 있을 가능성이 높다. 이 시기의 아이에게는 '관찰을 통한 학습'이 주된 방식이기 때문에 또래의 행동 하나하나가 식습관 형성에 중요한 영향을 미친다. 따라서 긍정적인 식사 환경에 자주 노출될수록 좋은 습관을 자연스럽게 따라 배우게 된다.

체크한 항목이 적은 아이라면 또래의 영향을 상대적으로 덜 받을 수 있지만, 반대로 사회적 자극이나 경험의 기회가 부족할 가능성도 있다. 이 경우에는 부모나 형제, 친밀한 어른과의 식사 경험을 통해 긍정적인 식습관 모델링이 자주 일어나도록 도와야 한다.

관계 민감성

- ☐ 아이가 부모의 표정이나 말투에 민감하게 반응하는 편인가?
- ☐ "혼날까 봐", "엄마가 속상해할까 봐"라며 시도를 포기하는 경우가 있는가?
- ☐ 실수나 실패를 크게 받아들이고, 위축되거나 감정이 격해지는 편인가?
- ☐ 작은 비난이나 눈치에도 식사 행동이 급격히 위축되거나 혹은 멈추는가?
- ☐ 타인의 평가나 반응을 지나치게 의식하며 행동을 조심하는 편인가?
- ☐ 다른 사람의 기분이나 감정 상태를 민감하게 눈치채는 편인가?
- ☐ 부모의 사소한 말에도 감정적으로 반응하는가?
- ☐ 식사 전이나 중간에 긴장하거나 눈치를 보며 행동을 조절하려고 하는가?

일부 아이들은 타인의 감정에 유난히 민감하게 반응한다. 이런 아이들은 '내가 지금 잘하고 있는 걸까?', '엄마가 실망했을까?'처럼 감정을 빨리 감지하고, 그에 따라 자신의 행동을 조절하려는 성향을 보인다. 관계 민감성이 높은 아이의 경우, 식사 시간에 보이는 부모의 표정이나 말투에 따라 식사 반응이 크게 달라질 수 있다. 부모가 조금만 실망한 표정을 지어도 위축되고, 아이를 비난하는 말투를 사용하면 스스로를 탓하며 식사 자체를 거부하기도 한다.

이런 아이에게는 '말투'보다 '표정'이 중요하다. '얼마나 먹었는지'보다 '식사 자체를 잘해내려는 노력'을 인정해 줘야 한다.

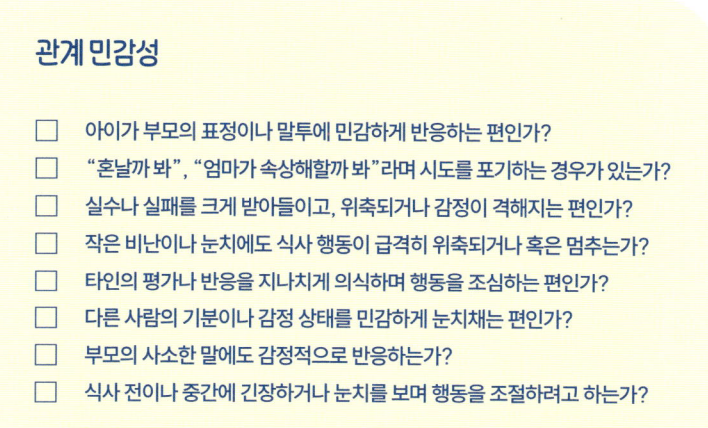

관계 민감성은 아이가 사회성, 공감 능력 등을 키우는 데 중요한 자질이기도 하다. 하지만 양육자가 감정적으로 일관되지 못하

거나, 과도하게 통제하려 하면 이 민감성이 불안으로 연결될 수 있다. 따라서 이 시기엔 안정적인 감정 표현과 따뜻한 반응이 무엇보다 중요하다.

'관계 민감성 체크리스트'에 체크한 항목이 많을수록 아이의 관계 민감성이 높을 가능성이 크다. 이런 아이는 부모의 반응, 표정, 말투 하나하나를 예민하게 받아들이고, 그로 인해 식사 행동에도 크게 영향받을 수 있다.

강한 훈육이나 눈치 주기는 오히려 식사에 대한 부정적인 감정을 심어줄 수 있으므로 편안하고 안정적인 분위기에서 식사하도록 돕고, 작은 시도에도 따뜻하게 격려하는 반응을 보여주는 게 중요하다. 관계를 기반으로 신뢰가 쌓이면 아이의 식사 태도는 차츰 안정된다.

4부

엄마 멘털 지켜주는 올바른 완밥 가이드

한눈에 보는 단계별 이유식 총정리

각 단계별 권장 시기가 있으나 너무 빠르게 단계를 진행하면 아이의 위장에 무리가 갈 뿐만 아니라, 이유식을 강하게 거부할 수도 있으니 주의해야 합니다.

구분	초기 이유식	중기 이유식	후기 이유식
시기	· 4~6개월경 가능 · 6개월 무렵 권장	· 7~9개월경 가능 · 8개월 무렵 권장	· 10~11개월경 가능 · 10개월 무렵 권장
핵심 포인트	· 먹는 양을 늘리는 시기 아님 · 아이의 반응 관찰이 중요	· 고형물 적응 시기 · 식재료 탐색 시작	· 맛, 질감에 대한 선호가 뚜렷해짐 · 스스로 먹으려는 시도 증가
횟수	· 하루 1회	· 하루 2회	· 하루 2~3회
농도	· 묽은 수프 농도	· 쌀알 $1/3$~$1/2$ 가량의 알갱이 느낌	· 쌀알 형태 보존 (알갱이 느낌 확실)
제공 시간	· 오전 11~12시 사이 · 2차 수유 전 또는 점심시간대 추천	· 1차 오전 10~12시 · 2차 오후 2~5시 · 수유량과 컨디션에 따라 시간 조율	· 1차 오전 8~9시 · 2차 오후 12~1시 · 3차 오후 4~6시 · 필요에 따라 1회 간식 제공 가능 • · 꼭 3번 먹이려고 집착하지 말 것
이유식량	· 첫 시도는 쌀미음 단독으로 5~10g · 30~50mℓ로 시작해서 점차 늘려감 · 쌀미음 30g, 소고기 10~15g, 채소 10~15g	· 1회 100~150mℓ 권장 · 탄수 40~70g, 단백질 15~20g, 채소 1종류당 15g (2~3가지 활용)	· 1회 120~190mℓ 권장 · 탄수 50~80g, 단백질 15~20g, 채소 1종류당 15g (2~3가지 활용) ••

• 간식 제공은 필수가 아님. 초기와 중기에는 이유식 적응이 우선이라 굳이 간식을 주지 않아도 괜찮고, 아이가 이유식에 잘 적응했다면 고형물 적응 시기인 후기에 간식을 선택사항으로 줄 수도 있음

•• 중기와 후기의 단백질과 채소 중량은 동일하나 횟수가 늘고 질감과 입자감이 달라지는 게 포인트

구분	초기 이유식	중기 이유식	후기 이유식
식재료	· 탄수화물: 쌀(백미) · 단백질: 소고기 · 섬유질: 당근, 애호박, 무, 양배추 · 과일: 부드러운 과육만 제공 (씨, 껍질 완전 제거)	· 탄수화물: 모든 곡류 · 단백질: 소고기, 닭고기, 달걀, 흰살생선, 새우, 게살, 관자, 굴, 두부, 콩류, 버섯 · 섬유질: 해조류, 모든 채소 · 과일: 과일 종류 점차 확대 (블루베리와 딸기 등으로 씨와 껍질 시도)	·탄수화물: 모든 곡류와 고구마, 단호박, 감자, 국수 · 단백질: 소고기, 닭고기, 달걀, 흰살생선, 새우, 게살, 관자, 굴, 두부, 콩류, 버섯 · 섬유질: 해조류, 모든 채소 · 과일: 모두 가능(질긴 껍질, 심지 등 질식 요소 주의)
분리 수유•••	· 분리 수유 불가	· 이유식 1회 100mℓ 이상 섭취 시 분리 수유 가능 · 이유식 후 2시간 뒤 수유	· 분리 수유 정착 · 밤중 수유 완전 중단
이유식+ 분유 총량	· 700~900mℓ · 이유식 30~50mℓ까지는 기존과 수유량 동일하게 유지 · 이유식 50mℓ 이상 섭취 시에는 수유량 감소가 일어날 수 있음	· 600~900mℓ · 수유 중심일 때보다 총수유량이 10~20%가량 감소하여 총섭취량은 줄어듦 ••••	· 800~900mℓ · 하루 수유량 최소 400mℓ 유지
간식류	· 떡뻥	· 떡뻥, 치즈, 요거트, 과일 퓌레, 고구마, 단호박	· 떡뻥, 치즈, 요거트, 과일 퓌레, 고구마, 단호박, 밤
기타	· 3일 간격으로 한 가지 재료씩 알레르기 반응 테스트 · 소량의 물 섭취 시작	· 숟가락 노출 시작	· 빨대컵 연습 시작 · 숟가락 사용 유도

••• 이유식과 수유(모유, 분유)를 같은 시간에 병행하지 않고, 일정 간격(보통 1~2시간)을 두고 분리하여 진행하는 것

•••• 고형물 비중이 늘어날수록 그만큼 소화시간이 길어지고 포만감도 오래 유지되기 때문에 하루 총섭취량은 줄어듦

새로운 식재료, 알레르기가 무서워요

이유식을 시작하면서 새로운 식재료를 도입할 때, 부모는 아이에게 알레르기 반응이 나타나지 않을까 걱정하게 된다. 과거에는 알레르기를 유발할 염려가 있는 식품의 경우 섭취를 미루는 것이 일반적이었다. 그러나 현재는 오히려 적절한 시기에 다양한 식재료를 접하게 하는 것이 아이의 면역체계 발달에 긍정적인 영향을 주며, 알레르기 발생 위험을 낮추는 데 도움이 된다고 알려져 있다. 이는 현행 소아 알레르기 예방 가이드라인에서도 강조하는 내용이다.

소아 알레르기 예방을 위한 최신 가이드라인

- **임신 중 식이 제한** 과거와 달리 현재는 임신부가 임신 중 특정한 식품을 제한하는 것이 아이의 알레르기 예방에 도움이 되지 않는다고 권고한다.
- **모유 수유** 알레르기 고위험군의 경우 최소 생후 4개월까지 모유 수유를 추천하며, 이를 통해 두 살까지 알레르기질환을 예방할 수 있다고 한다.
- **고위험 식품 도입** 달걀, 땅콩 등 잠재적 알레르기를 유발하는 식품의 도입을 지연하는 것은 알레르기 예방에 효과적이지 않으며, 오히려 적절한 시기에 다양한 식품의 도입을 권장한다.

출처: 대한소아청소년과학회, 대한의사협회, 대한소아알레르기호흡기학회

간혹 아이가 알레르기 반응을 보일까 두려워 테스트를 미루는 양육자들도 있지만, 적절한 시기에 알레르기 테스트를 진행해야 알레르기로 인한 위험을 조기에 파악하고, 아이에게 맞는 안전한 식단을 구성할 수 있다. 알레르기 유발 원인 중 가장 흔한 달걀, 밀가루 등으로 인한 알레르기의 80~90%는 만 5세쯤 되면 자연스럽게 호전된다. 견과류와 갑각류 알레르기는 약 20% 미만에서 자연스럽게 호전되는 것으로 알려져 있다.

한 번에 한 가지씩 새로운 식재료를 3일간 반복 섭취하여 테스트하고, 3~5일 동안 간격을 두고 아이의 몸 상태를 관찰하고 이상이 없으면 다음 테스트 식재료로 넘어간다. 알레르기 유발 가능성이 높은 달걀과 밀가루, 땅콩은 다음과 같이 시도하는 것이 좋다.

- **달걀노른자**: 생후 6~7개월에 완전히 익힌 상태로 소량 시도
- **달걀흰자**: 노른자에 적응한 후 1~2개월 뒤에 시도
- **밀가루**: 익힌 소면을 한 꼬집 정도 이유식에 넣어서 시도
- **땅콩**: 무첨가 땅콩버터를 소량 제공(땅콩에 알레르기 반응이 있으면, 참기름 등 견과류 오일에도 반응할 가능성이 있다)

식품 알레르기 반응은 대부분 식사 후 2시간 이내에 나타난다. 피부 발진, 설사, 구토, 기침, 눈·코·입 주변의 부기 등 이상 반응이 발생할 경우, 해당 식재료 섭취를 즉시 중단하고 1~2일간 경과를 관찰하며 회복 경과를 지켜본다. 대개는 일시적인 소화 불편이나 면역 반응으로, 식재료 섭취를 중단하면 증상이 빠르게 완화되는 경우가 많다. 하지만 증상이 반복되거나 점차 심해진다면 병원을 찾아 진료를 받아야 하며, 전문가의 진단이 있을 때까지 해당 식재료 섭취는 다시 시도하지 않는 것이 안전하다.

호흡 곤란, 심한 부기 등은 급성 알레르기 반응아나필락시스일 수 있어 위험하므로 즉시 병원을 찾아야 한다.

시판 이유식, 먹여도 괜찮아요

아이가 이유식을 시작하면 자연스러운 고민 중 하나가 바로 '시판 이유식'이다. 누구나 처음에는 직접 이유식을 만들며 열정적으로 시작하지만, 현실은 생각보다 녹록지 않다. 장을 보고, 재료를 다듬고, 끓이고, 찌고, 갈고, 소분해서 냉동까지 해야 하는 엄마표 이유식. 하루 종일 아이를 돌보다 보면 이유식을 준비할 체력도, 시간도 부족하기 일쑤다. 그나마 아이가 잘 먹으면 다행이지만, 정성 들여 만든 이유식을 그대로 버릴 때마다 허탈함이 밀려온다. 이런 나날이 반복되다 보면, 자연스럽게 시판 이유식을 고민하게 된다.

그런데 많은 엄마들이 이 시점에 예상치 못한 '죄책감'을 느끼곤 한다. '내가 너무 게으른 건 아닐까?', '아이에게 덜 좋은 음식을 먹이는 건 아닐까?' 하는 생각들이 고개를 든다. 하지만 여기서 짚고 넘어가야 할 것은 엄마가 편해야 아이도 편하다는 것이다. 엄마에게 여유가 있어야 아이를 돌볼 힘도 생긴다.

나는 내가 하는 일을 워낙에 좋아했던지라 쌍둥이가 생후 두 달 무렵부터 다시 식습관 컨설팅을 시작했다. 육아를 병행하며 할 수 있는 만큼만 일하려고 했지만, 시간이 지날수록 업무량은 점점 더 늘어났다.

아이들이 자라면서 육아도, 일도 늘어난 상태에서 쌍둥이 이유식을 시작하게 되었다. 그런데 첫째가 이유식을 지독하게 먹지 않았다. 아무리 정성껏 만들어도 먹지 않으니 마음이 조급해졌고, 그럴수록 아이의 작은 거부 반응에도 더 지치고 허탈해졌다.

그러다가 아이가 조금씩 이유식에 적응하기 시작하면서부터 나는 갈등하지 않고 시판 이유식을 병행해 먹였다. 그렇게 결정한 가장 큰 이유는 바로 '편리함'이었다. 시판 이유식을 함께 먹인다고 죄책감을 느끼거나 미안해하지 않았다. 아이를 위해 내가 할 수 있는 가장 현실적인 선택이었기 때문이다.

이 글을 쓰는 이유는 무조건 시판 이유식을 추천하려는 것이 아니다. 엄마들이 '이유식은 반드시 엄마가 직접 만들어야 한다'는 압박감에서 벗어나, 덜 완벽해도 괜찮다는 마음으로 스스로를 지켜가며 이유식 시기를 조금이라도 가볍게 지나가기를 바라는 마음에서다.

이유식은 엄마의 수고를 증명하는 수단이 아니라, 아이가 건강하게 먹고 자라는 데 필요한 과정 중 일부다. 무조건 엄마표여야만 좋은 것도, 시판 이유식이 무조건 나쁜 것도 아니다. 우리의 목표는 아이가 '이유식을 잘 먹고 건강하게 자라는 것'이지 '누가 이유식을 더 잘 만들었는가'가 아니라는 걸 명심하자.

시판 이유식 체크리스트

1. 원재료와 성분표 꼼꼼히 확인하기

· 착향료, 색소, 보존제 등 합성첨가물이 들어 있지는 않은가?

· 원재료가 국내산 위주인가?

· 수입 원료라면 생산국은 어디인가?(원산지 표시가 명확하고 유럽연합, 미국, 영국, 뉴질랜드 등 식품 안전 관리 체계가 잘 갖춰진 국가의 제품을 우선적으로 고려)

· 알레르기 유발 재료는 없는가? 있다면 명확하게 표시되어 있는가?

2. 제조일과 유통기한 확인하기

· 냉장제품이라면 제조일자가 가까운 신선한 제품을 선택(빠른 소비를 위해 적정량만 구매)

· 제조일로부터 유통기한이 3개월 이내인 제품을 선택(제조일로부터 유통기한이 6개월 이상 남은 제품에는 보존제가 들어갔을 가능성이 있다)

3. HACCP 인증 여부 확인하기

· 생산 과정의 안정성이 보장된 제품인가? 위생적으로 제조되었는가?

4. 월령별, 단계별 제품 구성 확인하기

· 아이의 월령에 맞는 농도·알갱이·식감인지 확인(148쪽 '한눈에 보는 단계별 이유식 총정리' 참고)

컨디션이 안 좋거나 면역질환이 있을 때 이유식 식재료 주의사항

아토피를 포함한 피부질환, 감염 후 회복기, 장염 등으로 면역계가 예민하거나 변 상태가 불안정한 시기에는 얼마나 먹는지보다 '어떤 식재료를 피해야 하는가'가 더 중요합니다. 이 시기에는 장 점막이 약해져서 음식 성분에 대한 흡수와 반응이 과민하게 나타나며, 평소 잘 먹던 음식도 일시적으로 염증이나 소화 불편을 유발할 수 있습니다.

1 | 탄수화물

중기 이유식 시기부터 모든 곡류가 가능하나 컨디션이 좋지 않다면 탄수화물은 백미로 고정하는 것이 좋습니다. 현미, 보리, 귀리 등 잡곡에는 불용성 섬유소와 피틴산(Phytic Acid)이 많아서 소화 효소의 작용을 방해하고 장점막을 자극합니다. 따라서 소화 흡수가 빠르고 위장 자극이 적은 백미가 가장 안전해요.

2 | 단백질

- 콩류도 식물성 단백질 알레르기 식품입니다. 장 기능이 약해지면 단백질이 완전히 분해되지 못하기 때문에, 소화되지 않은 단백질이 면역계를 자극해 염증 반응이나 알레르기 증상을 일으킬 수 있어요.
- 버섯류는 면역 반응을 직접적으로 일으키진 않지만, 식이섬유와 키틴(Chitin) 성분이 회복기 아이의 위장에 부담을 주면서 변 상태나 컨디션을 악화시킬 수 있어요.
- 유제품에 들어있는 우유 단백질인 카세인은 분자량이 커서, 소화가 미숙한 아기나 장 점막이 손상된 상태에서는 알레르기 반응이나 설사 증상을 일으킬 수 있습니다. 따라서 분유, 모유 외 우유, 치즈 등의 유제품은 삼가는 것이 좋아요.

3 | 섬유질

설사 반응이 이어지며 변 상태가 불안정할 때는 불용성 섬유질이 장 운동을 과도하게 자극할 수 있으므로 채소 제공은 일시적으로 중단해야 해요. 또한, 특정 채소에 알레르기 반응이 있다면 채소를 30분 이상 가열 후 제공합니다. 열을 가하면 단백질 구조가 변성되어 알레르기 반응 위험도 함께 낮아져요.

4 | 과일류

수분이 많은 과일은 설사를 악화시킬 수 있으므로 이때는 수분이 적은 바나나만 제공하는 것이 안전해요. 또한, 아토피나 피부 질환이 생겼을 때 과일의 당분과 산성 성분이 턱과 입 주변에 닿으면 접촉성 피부염을 유발하거나 악화시킬 수 있으므로 주의가 필요합니다.

식사 문제로 아이의 사회생활을 방해하지 마세요

아이에게 건강한 식습관을 만들어주고 싶은 건 모든 부모의 바람이다. 건강하지 않은 것들이 넘쳐나는 세상에서, 내 아이에게만큼은 좋은 걸 고르고 골라 가장 건강한 식재료만 먹이고 싶은 마음 또한 당연하다. 하지만 이 마음이 넘치다 못해 과해지는 순간, 아이의 사회성이나 정서 발달에 부정적인 영향을 줄 수 있다.

아이가 어린이집이나 유치원처럼 사회적 환경에 노출되기 시작했다면, 부모도 그 환경을 존중해 주어야 한다.

얼마 전 SNS에서 아이에게 건강한 음식만 먹이고 싶은 마음에, 아이를 기관에 보내지 않고 가정에서 보육하고 있다는 엄마의 글을 본 적이 있다. 댓글에서는 찬반이 엇갈렸다. “평생 집에서만 키워라", "유난이다"라는 비판도 있었고 "잘하고 있다", "의지가 대단하다"라는 응원도 있었다.

그중 유독 눈에 들어오고 생각이 많아지는 댓글이 하나 있었다.

"상황상 가정 보육은 어려워 기관에 보내지만, 간식은 절대 먹이지 말아 달라고 요청했어요."

건강한 식습관을 지향한다는 것, 그 자체에는 백번 공감한다. 나 역시 아이들의 식습관이 얼마나 중요한지 누구보다 잘 알고 있다.

하지만 단지 '식습관'을 이유로 기관을 보내지 않는 게 정말로 옳을까? 친구들이 함께 먹는 자리에서 나만 먹지 못하는 상황을 아이가 이해할 수 있을까? 특정한 식품군을 제한하기 위해 아이의 사회적 경험을 제한해도 괜찮을까? 건강을 이유로, 엄마의 생각이 옳다는 이유로, 엄마의 통제하에 아이가 스스로 선택할 기회조차 빼앗는 건 아닐까?

가공식품을 반드시 먹어야 한다거나, 가공식품이 건강하다고 말하려는 것이 아니다. 다만 그걸 제한하려다가 아이의 사회적 경험과 관계까지 막을 수도 있으니, 신중히 결정해야 한다고 말하고 싶을 뿐이다. 아이에게 "이런 것도 있어"라고 알려주되 "하지만 이게 더 건강한 선택이야"라고 방향을 제시해 주고, 스스로 더 나은 선택을 할 수 있도록 도울 때 진짜 건강한 식습관을 기를 수 있다.

"우리 아이는 유기농만 먹어요."

"방부제 들어간 건 절대 안 돼요."

"다른 아이들은 몰라도 우리 아이 거에서는 빼주세요."

치명적인 알레르기 때문이 아니라 단순한 기호나 정보로 인해 제한하는 거라면, 조금 더 생각해 볼 필요가 있다. 아이에게 "너는 먹으면 안 돼", "그건 몸에 안 좋아"라는 식으로 부정적인 메시지를 반복적으로 전달하면, 결국 음식에 대한 집착이나 죄책감, 혹은 또래 관계에서 느끼는 소외감으로 이어질 수 있기 때문이다.

만 2세 이후는 아이에게도 자율성과 취향, 고집이 생기고 또래의 영향을 강하게 받는 시기다. 친구가 먹는 걸 따라 먹고, 같이 먹는 경험을 하며 아이의 식습관뿐 아니라 사회성도 함께 자란다. 아이의 식사에는 단지 '영양'뿐만이 아닌 정서, 관계, 사회성이 함께 들어 있다는 사실을 늘 기억해야 한다.

식사에 대한 부모의 강박은 아이가 자기조절 능력을 키우는 데 오히려 방해가 된다. '건강한 음식'을 억지로 강요하는 것은 아이가 스스로 선택할 줄 아는 식습관으로 결코 이어지지 않는다. 아이의 식사에서 '잘 먹는 것'만큼 중요한 것은 '편안하게 먹는 경험'이다.

아이에게는 음식을 통해 안정감을 느끼고, 다른 사람들과 공감하며, 스스로 선택하고 조절하는 경험이 반드시 필요하다.

완밥, 꼭 해야 할까?

아이가 비운 밥그릇을 보고 뿌듯해하지 않는 부모는 없다. 그래서일까? 어느 순간 '완밥'이 아이가 잘 먹는지를 판단하는 기준처럼 되면서부터, 아이가 음식을 남기면 괜히 불편한 마음이 들곤 한다.

과연 '완밥'이 꼭 필요할까?

식사량은 아이마다 다르다. 성장 단계, 건강 상태, 기질, 활동량, 수면 패턴에 따라 필요한 에너지양도 달라진다. '다 먹어야 한다' 혹은 '많이 먹어야 한다'는 양육자의 기준이 아이에게는 자신만의 리듬과 욕구를 무시하는 강요로 느껴질 수 있다. '다 먹어야 잘하는 것'이라는 칭찬이나 '안 먹으면 혼난다'는 식의 압박은 식사 시간을 스트레스로 만들 수 있다.

어떤 양육자는 아이가 음식을 남기는 게 큰 스트레스라고 했다. 왜 이렇게 자꾸 남기는지 이해가 안 간다고 했다.

그런데 식사 기록을 살펴봤더니 잘 먹는 아이였다. 의아해서 영상 기록을 요청했는데, 아이의 식사 행동에는 전혀 문제가 없었다. 오히려 또래보다 잘 먹고 식사 집중도도 좋은 편이었다.

양육자가 남겼다고 말하는 음식은 밥 한 숟가락, 먹다가 흘린 고기 부스러기, 채소 한두 조각 정도였다. 아이는 자신의 속도에 맞춰 충분히 집중해서 식사하고 있었지만, 양육자의 기준에서는 '조금이라도 남긴 것' 때문에 완전한 식사로 인정할 수 없었던 것이다.

이처럼 '완밥'이라는 개념은 아이가 아니라 양육자의 기준에 더 가깝다. 그러니 '얼마나 먹었는가'보다 '누구의 기준으로 판단하고 있는가'를 먼저 점검해야 한다.

실제로 잘 안 먹는 아이라도 무작정 다 먹으라고 강요하거나 혼내기보다, 아이가 '왜' 덜 먹는지를 먼저 이해하려는 태도가 필요하다. 아이들이 밥을 잘 먹지 않거나 남기는 이유 중 하나는 간식 때문일 수 있다. 요즘은 '잘' 먹이는 것에만 초점을 맞추다 보니 간식을 필수로 여겨 과도하게 제공하는 경우도 많다. 하지만 간식을 지나치게 자주 먹으면, 식사 전에 충분한 공복이 생기지 않아 식사를 방해하는 요소가 될 수 있다.

그러니 간식을 너무 자주 주지는 않았는지, 식사와 식사 사이에 아이가 스스로 공복을 느낄 만한 시간 간격을 주었는지 반드시 돌아봐야 한다. 물론 적절한 간식도 필요하다. 성장에 필요한 에너지와 영양이 충분하지 않으면, 신체 발달은 물론 인지 발달에도 영향을 미치기 때문이다.

하지만 성장이 목적이라고 해서 무조건 '완밥'을 목표로 삼을 필요는 없다. '완밥'은 목적이 아니라, 즐겁고 편안한 식사 경험이 쌓인 결과여야 한다. 억지로 눈치 보며 다 먹게 하지 말고, 아이가 스스로 배고픔과 포만감을 느끼고 조절하며 즐겁게 식사를 마칠 수 있게 도와야 한다.

완밥보다 중요한 것은 아이에게 식사 시간이 편안하고 즐거운 경험으로 남는 것이다. 그 경험이 쌓이면 언젠가는 자연스럽게 '완밥'도 따라온다.

이런 경우는 신체적 이상 신호!

아이가 음식을 덜 먹는 것이 단순한 식습관 문제인지, 아니면 건강에 영향을 줄 수 있는 신체적인 이상 신호인지 구분이 어려울 때는 전문가의 도움이 필요합니다. 다음과 같은 상황이 2~3개월 이상 지속되거나 눈에 띄게 반복된다면, 병원 진료를 고려하세요.

1. 식사량 저하인 상태가 3개월 이상 지속

아이의 평균 식사량이 평소보다 20~30% 이상 감소한 상태가 3개월 이상 이어지면 성장에 영향을 줄 수 있습니다.

2. 성장곡선 최하위 3% 이하인 상태가 2~3개월 이상 지속

일시적인 체중 정체가 아닌, 신장과 체중 모두 성장곡선의 최하위 구간(백분위 3% 이하)에 머무르는 상태가 2~3개월 이상 지속되면 정밀한 성장 평가가 필요합니다.

3. 무기력, 잦은 감염, 창백, 탈수 증상 등을 동반

쉽게 피곤해하고 활동량이 줄거나, 감기나 바이러스 감염이 자주 반복되고, 피부가 유난히 창백해지거나 소변량이 줄어든다면 영양 불균형 혹은 면역력 저하의 신호일 수 있습니다. 이런 경우에는 '잘 먹이는 방법'을 찾기 전에 아이의 건강 상태를 먼저 점검해야 합니다.

싫어하는 식재료,
먹이려 하지 말고 '반복 노출' 하세요!

"자! 어머님, 이제부턴 반복입니다."

식습관 컨설팅 이후 어느 정도 방향성이 잡히면, 내가 양육자들에게 꼭 하는 말이다. 그때부터는 정말 '반복이 답'이다. 일상에서 얼마나 자연스럽게, 얼마나 자주 식재료에 노출되는지에 따라 컨설팅의 흐름과 기간이 달라진다.

오감이 발달하는 영유아기의 아이들은 낯선 맛, 향, 질감에 자연스럽게 거부감을 느낀다. 이는 아직 익숙하지 않아서 생기는 당연한 반응이다.

연구에 따르면, 아이들이 새로운 식재료를 받아들이게 하려면 최소한 8번 이상 반복 노출할 필요가 있다고 한다.•

• European Journal of Clinical Nutrition(2003).

많은 양육자들이 식재료 '노출'을 '먹이는 것'으로 해석한다. 즉, 식탁에 올린 재료를 아이가 당장 먹지 않으면 실패로 여긴다. 그렇지만 아이가 그 식재료를 입에 넣지 않았다고 해서 '노출'이 되지 않은 것은 아니다. 노출은 '먹이는 것'이 아니라 '익숙해지게 하는 과정'이다. 보고, 만지고, 냄새 맡고, 혀끝에 대보는 것만으로도 아이는 식재료를 경험한다. 이런 경험이 쌓여 식재료에 익숙해질수록 거부감은 점점 줄어든다.

올해 초, 식사 거부와 편식이 심해서 채소는 절대 안 먹는다는 아이를 만났다. 아이는 먹기 싫어하는 음식을 양육자가 권유하기만 해도 식사를 중단할 정도로 자기주장이 강해서, 엄마가 식사 시간에 아이의 눈치를 많이 보는 편이었다.

다행히 양육자는 내가 제안한 일상의 식재료 노출 방법을 빠짐없이 시도할 정도로 적극적이고 이해도 또한 높았다. 그 덕분에 단 3회의 미팅만으로 아이는 채소 편식에서 벗어났다.

아직 아이가 수용하는 식재료의 폭이 아주 넓지는 않고, 컨디션이 떨어지면 일부 식재료를 다시 거부하기도 한다. 그러나 자연스럽고 긍정적인 수용이 이루어져, 앞으로 식재료 수용이 더 확장될 가능성이 보인다며 양육자가 매우 만족스러워한 사례였다.

편식 교정은 억지로 '먹인다'는 접근보다, 식재료를 천천히 '소개한다'는 마음으로 시작해야 한다. 이럴 때 도움이 되는 개념이 바로 '푸드 브리지Food Bridge'다. 푸드 브리지는 아이가 싫어하는 식재료와 좋아하는 식재료 사이에 다리를 놓아주는 방법이다.

예를 들어 아이가 당근을 싫어한다면, 비슷한 색감에 달콤한 맛이 나는 단호박이나 고구마부터 노출해 보는 것이 도움이 된다. 아이가 당근의 단단한 식감에 부담을 느끼는 경우, 푹 찐 고구마처럼 부드러운 질감의 식재료에 먼저 익숙하게 한 뒤, 당근을 쪄서 고구마와 으깨 섞거나 달걀찜에 소량 넣는 방식으로 다리를 놓아줄 수 있다.

아이가 고구마를 좋아한다면 '고구마 → 당근 고구마전 → 채 썬 당근볶음'처럼 점차 당근의 형태와 비중을 늘려가는 것이 효과적이다. 이처럼 아이에게 친숙한 재료를 기반으로 조금씩 범위를 넓혀가면 아이도 부담 없이 새로운 식재료를 받아들이는 경험을 할 수 있다.

푸드 브리지 단계별 접근법

편식 교정에서는 강요보다 연결이 중요하다. 푸드 브리지는 '편식을 고친다'는 목적 자체가 아니라, 아이가 식재료를 긍정적으로 받아들이도록 연결해 주는 과정이다. 아이가 싫어하는 식재료를 단계적으로 노출하는 이 과정은 아이의 감각 발달, 자율성 존중,

식재료에 대한 긍정적인 경험 형성에 도움을 준다.

1단계 친해지기 | 눈으로 보고, 손으로 만지며 익숙해지기

이 단계는 아이에게 식재료를 시각적·촉각적으로 노출하여 낯선 느낌을 줄이는 과정이다. 바나나 자르기, 당근 도장 만들기, 브로콜리 숲 꾸미기처럼 놀이 활동을 통해 식재료를 자연스럽게 탐색하는 기회를 제공한다.

아이의 거부감이 심하다면 실물 대신 그림책, 낱말 카드, 모형 음식 등부터 노출해도 좋다. 이 과정에서 중요한 것은 아이가 안전하고 즐겁게 느끼는 경험을 제공하는 것이다.

2단계 간접 노출 | 보이지 않게 그러나 함께

아이가 싫어하는 식재료를 조리 과정에서 눈에 띄지 않게 포함하는 단계다. 예를 들어 당근을 갈아 팬케이크 반죽에 넣거나, 브로콜리를 갈아 소스에 섞는 방식이다.

이는 아이를 속이는 것이 아니다. "오늘은 당근을 갈아서 팬케이크를 만들 거야. 같이 만들어볼까?"처럼 아이와 함께 조리하거나 조리 과정을 공유하는 것이 중요하다. 이렇게 하면 아이에게 신뢰를 주면서도 싫어하는 식재료에 대한 부담을 줄일 수 있다.

단계별로 시도할 수 있는 다양한 푸드 브리지 활동

3단계 소극적 노출 | 적은 양, 다양한 형태로 시도하기

아이가 식재료를 직접 접하는 단계로, 거부감을 최소화할 수 있는 조리법과 양을 선택한다. 볶음밥, 카레, 김밥, 전 등 다른 재료와 어우러져 맛이 강하지 않게 조리하는 것이 포인트다. 예를 들어 피망을 아주 잘게 썰어 볶음밥에 넣고, 아이에게 "이건 오늘 밥 속에 들어간 색깔 친구야!" 하고 부담 없이 소개하는 식이다.

이 단계에서는 '맛보는 것' 자체를 목표로 한다.

4단계 적극적 노출 | 아이 스스로 시도하기

아이가 식재료 자체의 맛과 식감에 점차 익숙해지는 단계다. 이 단계에서는 아이가 식사 중에 식재료를 스스로 먹어보려 시도하게 된다.

이때 중요한 것은 많이 먹는 것이 아니라 아이가 자신의 의지로 시도했다는 것 자체를 인정해 주는 것이다. "스스로 먹어봤구나. 정말 대단해!"처럼 과정 중심의 칭찬이 핵심이다.

또한 아이와 함께 식사하며 "이건 어떤 맛이야?", "입안에서 어떤 느낌이 들어?"처럼 소통하며 감각을 인식하고 언어화하는 경험을 제공하면 더 바람직하다.

식습관 형성을 돕는 엄마 표현법

아이의 식습관은 '무엇을 먹는가'보다 '누구와, 어떤 분위기에서 먹는가'에 더 큰 영향을 받습니다. 식사 시간에 이루어지는 양육자의 긍정적이고 따뜻한 언어 표현은 아이의 거부감을 줄이고, 식사에 대한 흥미와 자발적인 참여를 높이는 직접적인 자극이자 중요한 요소입니다.

■ 식재료에 대한 긍정적인 표현

· 엄마가 좋아하는 건데 ○○이랑 같이 먹으니까 더 맛있다.
· 당근을 먹으면 몸이 튼튼해진대.
· 고소한 달걀, 꼬꼬댁 닭이 준 선물이야.
· 아삭아삭 꼭꼭 씹으면 재미있는 소리가 나.
· 시금치를 먹으면 키가 쑥쑥 큰다고 해서 엄마가 더 맛있게 만들었어.
· 버섯이 쫄깃쫄깃해서 계속 씹고 싶어.

■ 식사 태도를 칭찬하는 표현

· 끝까지 잘 앉아서 먹었네. 정말 잘했어!
· 바른 자세로 먹으니까 멋지다.
· 안 좋아하는 당근도 먹었네! ○○이는 용감하구나!
· 혼자서도 잘 먹으니까 정말 보기 좋다.

■ 밥상머리 소통법

· 먹기 싫으면 안 먹어도 괜찮아, ○○이가 준비되면 다음에 먹어보자.
· 억지로 다 먹지 않아도 돼. 배부르면 남겨도 괜찮아.
· 오늘 먹은 것 중에 뭐가 제일 맛있었어?
· 오늘 먹은 것 중에 다음에 또 먹고 싶은 건 뭐야?
· ○○이가 잘 먹으니까 엄마도 기분이 좋다.
· 내일도 오늘처럼 기분 좋게 먹자!

5부

몸과 마음이 단단한 아이를 만드는 아침 과일식 & 가짓수 제한식

과일로 시작하는 식사 연습, 영유아 과일식

엄마인 내가 아침 과일식으로 건강을 회복했고 9년째 과일식을 소개해 오다 보니, 쌍둥이 역시 이유식을 시작하기 전부터 과일과 자연스럽게 마주했다. 아이들에게 과일식은 '식사'라기보다, 본격적인 아침 식사 전 감각을 일깨우는 '애피타이저'이자 자연스럽게 식재료를 익히고 탐색하는 출발점이었다.

나는 과일을 통해 아이가 감각을 열고 자연이 가진 다채로운 색, 부드럽거나 단단한 질감, 달콤하거나 은은한 향, 손끝의 감촉, 입안에 닿는 온도를 느끼는 힘을 기를 수 있도록 도와주고 싶었다.

쌍둥이는 생후 4~5개월 무렵 같은 시기에 같은 과일을 마주했지만, 받아들이는 속도도 방식도 각각 달랐다.

복숭아 기질인 첫째는 과일을 처음 접했을 때 손가락 끝으로 살짝살짝 눌러보거나 혀를 조심스럽게 대며, 천천히 감각을 탐색했다.

반면에 단감 기질인 둘째는 처음엔 무심한 듯 눈으로 오랫동안 살피다가, 탐색이 끝난 뒤 곧장 입에 넣으려고 했다. 하지만 너무 차갑거나 물기가 많은 과일은 고개를 휙 돌리거나 손으로 밀쳐내며, 분명히 거부 반응을 드러냈다.

나는 이런 거부 반응도 반가웠다. 당장 과일을 먹지는 않더라도, 아이가 스스로 만지고 입에 대보며 감각적으로 탐색하는 시간을 충분히 누리기를 바랐기 때문이다.

그러니 아이가 과일에 익숙해지는 과정이 무엇보다 중요했고, 그 자체로 충분했다. 쌍둥이의 오감은 과일과 함께 발달하기 시작했다.

보통 생후 6개월 전후, 이유식을 시작한 이후부터는 과일을 소량 줘도 괜찮다. WHO와 국내 보건기관에서도 이 시점부터 과일 섭취를 허용하고 있다.

아이들이 과일에 익숙해진 이후, 과일식은 자연스럽게 우리 가족의 아침 루틴이 되었다. 쌍둥이는 엄마가 먹는 모습을 지켜보며 손으로 과일을 으깨기도 하고, 스스로 입에 대보기도 했다. 실제로 먹는 양은 매우 적었고, 그마저도 과즙망을 활용해 조금씩 맛보는 수준이었기에 '식사'라고 부르기는 어려웠지만, 충분히 의미 있는 시간이었다. 그 과정에서 아이들은 손으로 과일을 직접 만지며 자연스럽게 소근육을 사용했고, 그 움직임이 식재료를 탐색하는 시작이 되었다.

토마토를 먹는 날에는 '멋쟁이 토마토' 노래를 부르며 놀았고, 사과를 먹는 날에는 사과가 그려진 낱말카드를 가지고 놀았다. 포도를 먹는 날에는 책에서 포도 그림을 찾아보며 즐거워했다. 아이들은 과일과 함께 놀았고, 그 안에서 색을 배우고 말을 익히며 자라났다. 쌍둥이는 그렇게 과일과 함께 자랐다.

과일식은 단지 많이 먹기 위한 연습이 아니다. 아이에게 자기주도성을 허락하는 첫 식사이자, 감각을 통해 음식을 스스로 받아들이는 방법을 익히는 시작점이다.

영유아는 아침 과일식 이후, 본 식사를 이어서 해야 합니다!

성인의 경우 아침 과일식으로 아침 식사를 대신할 때 점심 식사 전까지 최소 2회 이상, 시간 간격을 60분 이상(최소 30분) 두고, 한 번에 한 종류씩 섭취를 권장합니다. 그러나 영유아에게 아침 과일식은 아침 식사의 '전부'가 아니라 '시작'입니다. 본 식사를 대체하기 위한 것이 아니며, 과일식 이후에는 수유나 이유식 등 주된 식사가 이어져야 합니다. 아침을 과일로 시작하지만, '과일만'으로 아침 식사를 대신하지는 않는다는 것에 주의하세요.

아침부터 과일을 줘도 괜찮나요?

아이의 과일식을 고려하는 부모들이 종종 묻는 질문이다. 인체는 우리 생각보다 명확한 리듬에 따라 움직인다. 그 리듬에 맞춘 아침 과일식은 단순히 아침 메뉴를 과일로 선택하는 것에 그치지 않고, 아이의 몸과 감각을 부드럽게 깨우는 역할을 한다.

인체는 하루 동안 세 가지 생체 리듬에 맞춰 기능한다.

이 중에서 오전 시간**배출주기**은 몸이 노폐물을 배출하고 생리적 정리를 진행하는 청소 시간대로, 위장에 부담이 적고 흡수가 빠른 음식이 적합하다. 아침 과일식은 이 생리 흐름과 아이의 발달 특성을 고려해 구성한 식사 방식이며, 크게 다음 네 가지를 목적으로 한다.

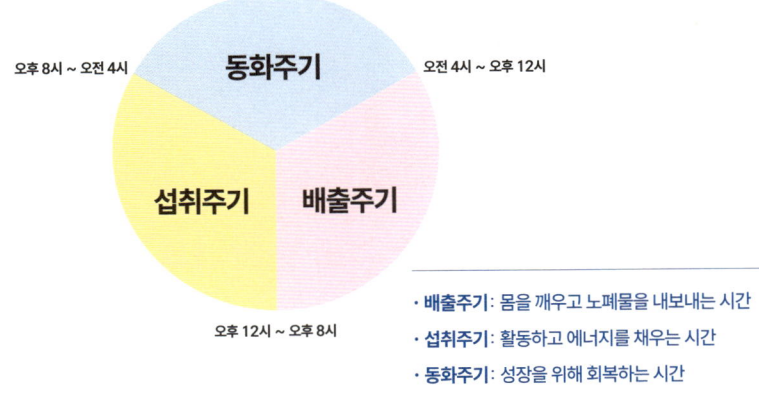

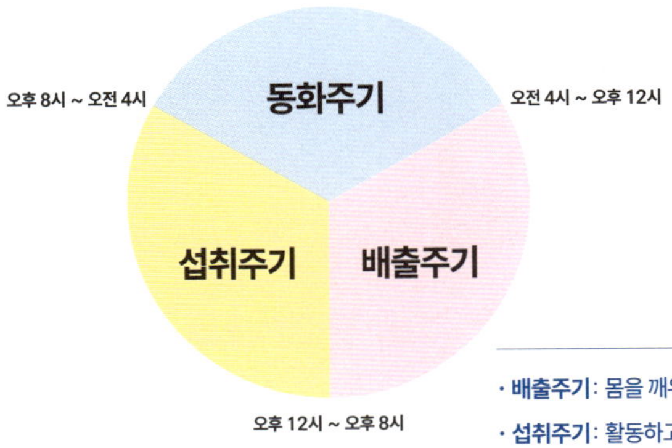

- **배출주기**: 몸을 깨우고 노폐물을 내보내는 시간
- **섭취주기**: 활동하고 에너지를 채우는 시간
- **동화주기**: 성장을 위해 회복하는 시간

1 | 위장 활동성 촉진

수면 중에는 위장의 연동운동이 감소하고 위액 분비도 줄어들기 때문에, 일어나자마자 일반식을 바로 먹으면 아직 준비가 되지 않은 위장에 부담을 줄 수 있다. 이 시점에는 소화가 빠르고 가벼운 과일로 서서히 위장 활동을 깨우는 '위장 스트레칭'이 적합하다. 과일은 위장 자극이 적고 자체 수분 함량이 높아, 위 내용물의 이동을 원활하게 돕는다.

또한, 과일에 풍부한 단당류**포도당, 과당**는 분해 과정 없이 소장에서 바로 흡수되어 소화하는 데 부담이 적다. 반면에 일반적인 곡물이나 탄수화물 식품은 다당류**전분** 형태로 되어 있어 여러 가지 소화 효소를 거쳐야 흡수 가능한 상태로 분해된다. 그리고 과일에 들어 있는 천연 효소파파인, 브로멜라인와 적당량의 식이섬유는 위장을 자극하지 않으면서 연동운동을 부드럽게 유도한다.

아이에게 아침 과일식은 본 식사 전, 위장을 깨우는 애피타이저이자 소화기관을 가볍게 준비시키는 스트레칭과 같은 역할을 한다.

2 | 빠른 에너지 공급

과일의 당분은 대부분 단당류 형태로 구성되어 복잡한 소화 과정 없이 빠르게 흡수된다. 과일의 흡수 시간은 평균 30분 이내로, 기상 후 공복 상태의 아이에게 즉각적으로 포도당을 공급하여 뇌 기능 활성화에 기여한다. 특히 유아기는 뇌 발달이 활발한 시기이므로, 뇌 에너지의 주 공급원인 포도당을 안정적으로 제공하는 것이 무척 중요하다.

아침 과일식은 이러한 인체의 생리적 요구에 부합하며, 오전 활동에 필요한 집중력 유지와 기분 안정에 긍정적인 영향을 미친다.

3 | 오감 자극과 식사 흥미 유도

과일은 색상, 향, 질감, 온도, 맛 등 다양한 감각 정보를 포함한 식품이다. 이러한 특성은 아이의 시각, 후각, 미각, 촉각을 자연스럽게 자극하며, 단순히 '먹는 것'을 넘어 감각을 통해 음식을 인지

하고 받아들이는 과정을 유도한다.

영유아기는 감각 자극에 대한 신경계 반응이 활발해지고, 감각 처리체계가 빠르게 정교화되는 시기다. 이 시기에 과일이 제공하는 다양한 감각에 노출되는 경험은 감각 통합 발달에 긍정적인 영향을 줄 수 있다.

과일을 손으로 만지고, 코로 냄새를 맡고, 입에 대보는 반복적인 탐색은 아이의 오감을 자극하고, 식사 자체에 대한 흥미와 자발적인 관심을 이끌어내는 데 효과적이다.

4 | 자기주도성과 소근육 발달 촉진

손으로 집기 쉬운 형태와 구조의 과일은 유아가 초기에 자기주도적으로 식사 연습을 하는 식품으로 활용도가 높다. 아이들은 과일을 직접 잡고, 누르고, 입에 가져가는 일련의 행동을 하며 '스스로 먹는 감각'을 익힌다.

이러한 경험은 손을 정교하게 사용하는 소근육 발달과 함께 손과 눈의 협응력, 감각 통합 발달까지 자연스럽게 자극하며, 이후 숟가락을 사용하거나 스스로 먹는 행위의 기초가 된다.

과일에 대한 오해

"과일 때문에 이유식을 안 먹는 게 아닐까요?"

영유아 식습관 컨설팅에서 가장 자주 받는 질문 중 하나다. 맘카페나 육아 커뮤니티에서는 "과일을 일찍 주면 단맛에 길들어 이유식을 안 먹는다"라는 이야기가 마치 공식처럼 통용되곤 한다.

하지만 이 주장은 절반만 맞는다. 과일을 아무 기준 없이, 하루 중 아무 때나 제공한다면 아이가 이유식을 거부하는 상황이 생길 수 있다. 공복이 아닌 상태에서 과일을 자주 섭취하면 과일 속 단당류가 빠르게 흡수되어 혈당을 급격히 올리고, 이로 인해 일시적으로 포만감이 생겨 아이의 식욕이 억제될 수 있다. 또, 과일이 다른 고형물과 위장 내에 함께 머무르면 소화 지연, 발효, 가스 생성 등 불편함을 유발해 결과적으로 먹는 양이 줄어드는 현상이 나타나기도 한다.

그러나 공복 상태에서 일정한 가이드에 따라 과일식을 제공하면, 과일이 위장을 부드럽게 자극하고 연동운동을 활성화하여 이유식으로 이어지는 식사 흐름이 자연스럽게 형성된다.

과일식을 할 때 아이가 이유식을 먹지 않는 이유를 단순히 과일 탓만으로 돌릴 수는 없다. 문제는 과일 자체가 아니라 과일을 언제, 어떻게 제공하느냐다.

아이의 식욕은 생존 본능이다. 이유식을 '단맛이 부족해서' 거부한다는 주장은 발달 생리학적으로도 성립되지 않는다. 영유아기의 식욕 조절은 단순한 기호나 입맛보다 공복 여부, 위장 자극, 에너지 대사 상태에 더 직접적으로 영향을 받는다.

아이는 단맛이 부족해서 이유식을 거부하는 것이 아니라, 이미 포만감을 느꼈기 때문에 이유식에 관심을 보이지 않는 것이다. 이유식 거부는 보통 과일을 식사 전후나 중간에 간식처럼 제공할 때 자주 발생한다.

과일을 공복에, 단독으로, 일정한 원칙 아래 제공한다면, 아이가 단맛에 길들어 이유식을 거부하는 건 아닐까 하는 걱정은 접어두어도 된다. 오히려 과일식에 잘 적응하면, 위장 기능이 활발해지고 전체적인 식사 흐름과 섭취량을 안정시키는 데 도움이 된다.

영유아 아침 과일식 실천 가이드

1 | 한 번에 한 종류씩 제공

과일의 당 성분은 각기 다르고 소화 효소 반응도 다르기 때문에, 여러 가지 과일을 한꺼번에 섞어 먹으면 위장 내 발효나 소화 과부하가 일어날 수 있습니다. 한 끼에 한 종류의 과일만 단독으로 섭취하는 것이 원칙입니다.

2 | 기상 후 30~60분 이내 섭취

기상 후 아이의 체내는 에너지가 고갈된 상태로, 위장 활동을 재개하며 연동운동이 서서히 시작됩니다. 이때 흡수가 빠르고 위장에 부담이 작은 과일 섭취는 신진대사를 부드럽게 활성화합니다. 또한, 뇌 에너지원인 포도당을 빠르게 공급해 기분 안정에 도움을 줍니다.

3 | 과일은 공복에만

과일은 위장 내 체류 시간이 짧고, 단당류 중심으로 빠르게 흡수되기 때문에 공복 상태에서 단독으로 섭취할 때 가장 이상적입니다. 다른 음식(분유, 이유식, 주된 식사 등)과 함께 섭취하거나 식사 직후에 과일을 먹으면 발효, 과잉 가스 생성, 복부 팽만감을 유발할 수 있어 주의가 필요합니다.

4 | 과일 섭취 후, 본 식사까지 시간 간격 두기

과일을 먹은 직후 이유식이나 분유 등 고형식이나 단백질·지방이 포함된 음식을 바로 섭취하면, 위장 내 체류 시간이 길어지면서 소화에 혼선이 발생할 수 있습니다. 특히 영유아는 위장 용적이 작고 소화 효소 분비도 불완전하기 때문에, 과일과 다른 음식이 섞여 들어갈 경우 위장에 과부하가 오고 복부 팽만, 트림, 가스 생성, 잦은 구토 등의 증상이 나타날 수 있습니다. 따라서 과일 섭취 후 일정한 시간 간격을 둔 뒤 주된 식사를 하는 것이 바람직합니다.

5 | 이유식 섭취 후에는 가급적 과일 제공 금지

이유식(고형물) 후 과일을 먹으면 전체적인 소화 흐름에 부담을 줄 수 있습니다. 그러나 아이가 이유식 후에도 지속적으로 과일을 찾는다면, 융통성 없이 원칙을 고수하기보다는 유연한 대응이 필요합니다. 식감이 부드럽고 수분이 많은 과일(배, 수박 등) 위주로 소량만 제공하세요.

식사 예시

· 기상 후 바로 과일식이 가능한 경우(가장 이상적)
1차 과일식 → 30~60분 후 2차 식사(이유식, 분유, 모유)

· 기상 후 바로 수유가 필요한 경우(소화 간격을 확보한 후 과일식 진행)
분유 또는 모유 수유 → 3시간 후 과일식 → 이유식

쌍둥이는 아침 과일식을 하며 여러 가지 과일을 다양한 방식으로 접했다.

과일은 좋은 탐색 재료

'먹이기' 이전에 '만나서', '탐색하는' 식재료로 과일을 활용할 수 있다. 아이에게 촉감, 냄새, 색깔, 질감 같은 감각 정보는 음식을 인지하는 첫 경험이 된다. 알레르기 유발 가능성이나 감각 민감성 등을 고려해 비교적 자극이 적고 부드러운 과일부터 한 번에 한 종류씩 소량으로 시작하는 것이 좋다.

월령에 따라 감각 반응, 소근육 사용, 씹기 기능이 다르기 때문에 형태와 탐색 방식도 그에 맞게 조절해야 한다. 그러나 월령은 참고 기준일 뿐, 모든 아이가 정해진 시기에 똑같이 반응하지는 않는다.

아이가 자신만의 속도에 맞춰 '감각 탐색 → 손 사용 → 주도적으로 먹기'로 이어지는 흐름을 천천히, 반복적으로 경험하게 하는 것이 중요하다.

생후 6~8개월

감각에 대해 처음으로 긍정적인 경험을 심어주는 시기다. 음식을 삼키는 연습이 주가 되며, 과일을 '먹인다'보다 '만나게 한다'는 접근이 중요하다.

- **탐색 방법** 냄새 맡기, 엄마가 먹는 모습 관찰하기, 혀끝에 묻혀보기, 손끝으로 만져보기
- **활동 예시** 향을 맡아보며 과일 이름 들려주기, 바나나 으깨서 손끝으로 눌러보기, 색깔 이야기 나누기**"노란 바나나야"**

생후 9~12개월

손으로 먹는 것은 아이의 첫 요리 수업이다. 이 시기에 손으로 직접 음식을 만지고 조작해 보는 경험은 자기주도성의 씨앗이 된다.

- **탐색 방법** 손으로 쥐고 입에 가져가기, 반으로 쪼개기, 누르기, 한 입 깨물어보기
- **활동 예시** 스틱형 과일 쥐고 식판 두드려보기, 작은 통에 과일을 넣었다가 꺼내기, 원물 바나나와 사진 또는 모형 비교해 보기

생후 13~18개월

이 시기에는 저작 기능과 입안 조절력이 빠르게 발달한다. 아이들은 다양한 식감과 질감을 경험하며 씹기, 삼키기, 조절하기를 반복한다. 이 과정은 감각 탐색뿐 아니라 턱과 혀, 입술 근육을 함께 움직이고 조절하는 능력을 키우는 데 도움이 된다.

- **탐색 방법** 엄지와 검지를 이용해 집기**핀셋 잡기**, 입안에서 좌우로 혀 굴려보기, 뱉었다가 다시 입안에 넣기
- **활동 예시** 과일을 쟁반에 옮기기, 색깔별로 과일을 분류해 접시에 담아보기, 과일 모양 탐색하기, 부모가 크게 씹고 천천히 삼키는 모습을 보여주어 모방 유도하기, 같은 과일을 으깨거나 큐브, 스틱 등 여러 형태로 준비해 식감 비교하기

생후 19개월 이후

이 시기의 아이는 스스로 고르고, 덜고, 표현하는 행동을 통해 자기결정감과 식사 주도권을 형성해 나간다.

- **탐색 방법** 과일 직접 고르기, 접시에 덜어보기, 색·향·이름 구분하며 말해 보기
- **활동 예시** 책 속 과일 찾기, 과일 이름 따라 말하기, '누가 누가 빨리 담나' 게임처럼 덜어보는 놀이 하기

월령별
과일 커팅 가이드

과일 원물을 제공할 때는 씹는 힘을 기르는 것보다는 월령에 맞는 질감·크기·형태를 고려하여 '안전한 섭취'를 최우선으로 고려해야 합니다. 질기거나 질식할 위험이 있는 과일이라면 껍질이나 심지 등을 반드시 제거하세요. 특히 포도, 체리, 방울토마토처럼 크기가 작고 둥글며 껍질이 얇고 단단한 과즙형 과일은 삼킬 때 질식할 위험이 높으므로, 껍질을 벗기고 알맹이를 잘게 자른 형태로 제공해야 합니다.

■ 생후 6~8개월

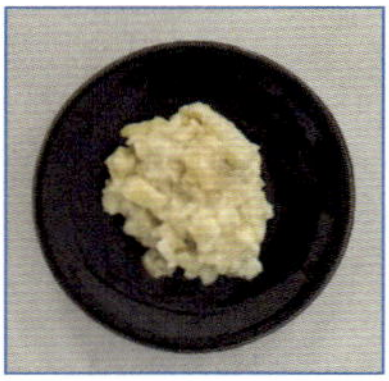

씹는 기능이 거의 없기 때문에 '삼키기 좋은 질감'이 중요해요. 과즙망은 단맛만 전달되고 감각 자극이 제한적일 수 있으니, 가능하다면 원물 노출을 병행해 주세요.

- **목표**: 감각 탐색과 삼키는 연습 중심
- **형태**: 숟가락으로 으깨거나 작게 다진 형태
- **질감**: 혀로 으깨질 정도로 부드러움

■ 생후 9~12개월

스스로 손으로 집어 먹는 연습에 초점을 두어야 해요. 아이가 '혼자 먹으려고 시도하는 것'은 손 사용 능력뿐 아니라 감각 통합 발달에도 중요한 자극이 됩니다. 다만 미끄럽거나 질긴 껍질은 제거하고 주세요.

- **목표**: 스스로 손으로 쥐고 입에 넣기, 알갱이 느낌 확장
- **형태**: 길이 5~6cm, 너비 1~2cm의 스틱형
- **질감**: 너무 단단하지 않으면서 손으로 잡을 수 있을 정도

■ 생후 13~18개월

음식을 입안에 넣고 혀로 옮기고, 씹고, 삼키는 일련의 동작을 스스로 조절하는 능력이 아직 불안정할 수 있어요.

· **목표**: 앞니와 어금니 협응, 저작 발달

· **형태**: 한입 크기 큐브형(한 면이 1.5~2cm인 정사각형), 반달형, 얇은 슬라이스

· **질감**: 저작 수준에 따라, 단단한 질감의 경우 조절 필요

· **주의**: 질긴 껍질, 굵은 씨, 심지 등은 아직 삼키기 어렵고 질식할 위험이 있으므로 반드시 제거

■ 생후 19개월 이후

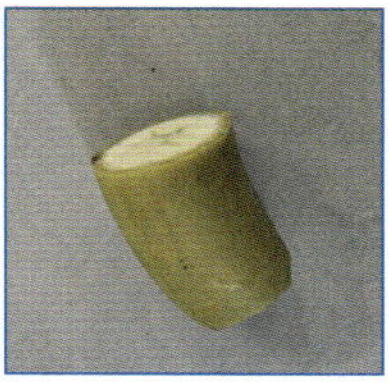

빨리 삼키는 습관이 있다면 자르는 형태를 계속 조절해 줘야 해요. 질식을 예방하기 위해 만 3세 전까지 포도, 블루베리, 방울토마토 등은 반드시 세로 방향으로 잘라 주세요. 세로 방향으로 자르면 길이감이 생겨 한 번에 삼키기 어렵고, 저작 유도를 돕는 장점이 있어요. 또한 귤이나 바나나처럼 '껍질을 벗기기 쉬운 과일'은 껍질을 조금 남겨 아이가 직접 벗길 수 있게 제공하면, 손 기능 발달과 스스로 먹는 경험을 확장하는 데 도움이 돼요.

· **목표**: 씹기 기능 완성, 스스로 자르거나 집어 먹는 식사 습관 형성

· **형태**: 껍질·씨·심지만 제거하면 과일 대부분을 원물 그대로 제공해도 되지만, 아이의 저작 수준에 따라 질감과 크기 조절

아이의 식사,
가짓수 제한이 필요하다

부모라면 아이에게 "골고루 먹어야 한다"라는 말을 한 번쯤은 해봤을 것이다. 그러나 실제 식단 상담에서 가장 잦은 문제는 너무 많은 음식의 가짓수에서 비롯된다. 오감이 발달하는 영유아기에는 새로운 음식이 자주 등장할수록 감각 정보가 과도하게 입력되면서 자극 피로가 누적된다. 이 시기의 아이에게 식사는 단순한 섭취가 아닌, '정보'이자 '신호'다. 과도한 시각 자극, 복잡한 맛의 배열, 반복적인 변화는 아이의 감각체계를 오히려 혼란스럽게 만들 수 있다.

소화 측면에서도 마찬가지다. 영유아기 아이들의 위장은 아직 작고 미성숙하며 위액 분비와 소화 효소 기능도 완전하지 않다. 따라서 음식의 가짓수가 많아질수록 위장 내 소화 경로가 복잡해지고 소화 지연, 발효, 가스 생성 등의 문제가 발생하는데 이것이 식사 거부나 식욕 저하로 이어지는 경우도 흔하다.

많이 먹인다고 잘 크는 것은 아니다. 아이의 몸은 '섭취한 양'이 아니라, 얼마나 '소화하고 흡수했느냐'에 따라 성장하고 기능한다. 미처 소화하지 못한 음식은 결국 아이에게 부담이 되고, 건강한 허기가 형성되지 않은 상태에서 하는 식사는 자기주도성 없는 억지 섭취로 이어질 수밖에 없다.

그래서 나는 식단을 구성할 때 골고루 먹이는 게 아니라 가짓수를 줄여 단순화하는 데 집중하기를 권한다. 아이가 소화하기 쉬운 구성, 감각 자극이 단순한 식단, 감당할 수 있는 양. 그 안에서 아이는 건강한 허기를 느끼고 스스로 식탁에 앉게 된다.

식단의 핵심은 애걸복걸하며 '많이 먹이기'가 아니다. 아이가 편하게 소화하고, 자기주도적으로 먹을 수 있는 흐름을 만들어주는 것. 그 흐름을 설계하는 가장 현실적이고 효과적인 방식이 바로 '가짓수 제한식'이다.

가짓수 제한식 1·1·2 식단, 이렇게 따라 하세요

가짓수 제한식은 단순히 음식을 제한하여 적게 주는 것을 의미하지 않는다. 아이의 몸이 가장 편안하게 받아들일 수 있는 영양소의 균형과 감각적 안정, 이 두 가지를 동시에 고려한 구성 방식이 '1·1·2 식단'이다.

단백질 1가지, 탄수화물 1가지, 섬유질 2가지

1·1·2 식단은 단순하면서도 영유아기의 생리적 요구를 균형 있게 반영한 구성이다. 무엇보다 실제로 식탁에서 적용하기 쉬운, 현실적인 틀이기도 하다. 식단 구성의 기준이 명확하면 부모는 덜 불

안하고, 아이는 일관된 흐름 속에서 안정적인 식사 경험을 쌓을 수 있다.

그렇다면 왜 단백질 1가지, 탄수화물 1가지, 섬유질 2가지일까?

단백질, 성장의 재료

단백질 1가지는 성장과 면역 발달에 필수적이다. 영유아기는 근육, 뼈, 효소, 호르몬 등 다양한 조직이 빠르게 자라는 시기로, 단백질은 이 모든 생리적 성장의 '재료'가 되는 영양소다.

하지만 한 끼에 여러 단백질원을 섞으면 소화 효소의 부담이 커질 수 있다. 그래서 단백질은 1가지로 제한하고, 소화가 용이한 형태로 제공하는 것이 바람직하다.

탄수화물, 안정적 에너지원

탄수화물 1가지는 안정적으로 에너지를 공급한다. 특히 뇌 발달과 높은 집중력을 위해서는 혈당을 급격히 올리지 않고 서서히 에너지를 공급하는 복합 탄수화물이 적합하다. 따라서 한 끼 주식은 밥 1가지로 고정하는 것이 가장 이상적이며, 유아식으로 전환한 이후에도 떡, 빵, 면 등 가공 탄수화물의 잦은 섭취는 가급적 제한하는 것이 좋다.

섬유질, 장내 환경 안정

섬유질 2가지는 위장 활동을 촉진하고 소화기계통을 자연스럽게 자극하여 장내 환경을 안정시킨다. 채소를 한 가지보다 두 가지 이상 제공하면 아이에게 다양한 색, 맛, 식감을 접할 기회를 줄 수 있고 비타민과 미네랄, 식이섬유의 다양한 영양도 함께 확보할 수 있다.

이처럼 1·1·2 식단은 감각 피로를 줄이고, 위장의 부담을 덜어주며, 아이가 자기주도적으로 식사에 참여할 수 있도록 '적당한 선택지'를 제공한다.

특히 생후 12개월까지는 1·1·2 식단의 틀을 유지하는 것이 좋다. 이 시기에는 위장과 감각의 안정을 우선시해야 하며, 아이가 식사를 자연스럽게 수용하고 일정한 흐름과 리듬을 형성하는 것이 중요하다. 따라서 복잡한 구성보다는 단순하고 반복적인 식사 경험이 아이에게는 더 효과적이다.

이유식에 잘 적응한 후 유아식으로 전환하는 시기부터는 아이의 소화력과 식사 능력에 따라 가짓수를 점차 확장해도 좋다. 이 단순하지만 정돈된 구성은 이유식 후반부터 유아식까지 이어지는 것은 물론, 더 나아가 평생 식습관의 기초로서 부족함이 없다.

1·1·2 식단에 따른 월령별 한 끼 영양소 구성

아래 표의 정량은 한국영양학회의 한국인 영양소 섭취기준(KDRI, 2020) 중 생후 12~48개월 아이 대상의 평균 에너지 요구량, WHO의 식사량 분포, 미국질병관리본부(CDC)의 연령별 소화기 발달 자료, 대한소아소화기영양학회의 소아 위장 발달·식사량·저작 발달과 관련한 참고문헌 등 공신력 있는 다수의 자료를 바탕으로, '조리 후 실제 제공량(한 끼 기준)'을 현실적으로 재구성한 것입니다.

1·1·2 식단의 한 끼 정량 가이드(생후 12~48개월, 조리 후 기준)

개월	단백질 1가지	탄수화물 1가지(밥)	섬유질 2가지
12~15개월	25~30g	50~60g	40~50g
16~18개월	30~35g	60~70g	50~60g
19~24개월	35~40g	70~80g	60~70g
25~36개월	40~45g	80~90g	70~80g
37~48개월	45~50g	90~100g	80~90g

자료: 한국영양학회(2020), "한국인 영양소 섭취기준"; WHO, "Complementary Feeding Guidelines"; 미국질병관리본부(CDC), "Infant & Toddler Nutrition Guidelines"; 소아과 임상영양학회, 대한소아소화기영양학회, "유아기 위장기능 및 발달"; 대한소아소화기학회지 등.

엄마가 가장 힘줘야 할 식사는 점심

가짓수를 제한한 1·1·2 식단을 실천하다 보면 "성장기 아이에게 너무 단조로운 건 아닐까?" 하고 걱정하는 엄마들도 있다. 하지만 이제 막 식사 적응을 마친 아이에게 세 끼를 다 꽉 채워 먹이려는 것은 현실적으로나 발달적으로나 무리다. 또 모든 끼니에 힘을 주면, 음식을 제공하는 엄마와 음식을 제공받는 아이 모두 지치기 마련이다.

그래서 나는 이렇게 말한다.

"점심에 집중하세요."

생후 12개월이 지나 아이가 이유식 단계를 무리 없이 마치고, 스스로 식사에 참여하는 힘을 갖췄다면 이제 점차 가짓수를 늘리려 시도할 수 있다.

이때 최대 구성은 단백질 2가지, 탄수화물 2가지, 섬유질 3가지 이내로 조합하는 것이다. 이 범위 안에서 아이의 감각과 소화력을 고려해 유연하게 구성하면 된다.

특히 하루 세 끼 중에서도 가장 집중해야 할 식사는 '점심'이다. 점심은 아이의 활동량이 가장 많고, 위장 기능과 대사율도 활발해 소화와 흡수가 가장 잘 이루어지는 시간대다. 그래서 가짓수 확장은 점심을 중심으로 시도하는 것이 이상적이다.

반면에 아침 식사는 위장을 가볍게 깨우는 정도로, 점심 식사량의 50~70% 수준으로 제공하는 것이 좋다. 오전에 지나치게 많이 먹으면 점심 식사의 집중도가 떨어질 수 있기 때문이다.

저녁 식사는 수면과 연결된다. 너무 기름지거나 양이 많은 구성은 소화뿐만 아니라 깊은 수면을 방해할 수 있으므로 주의할 필요가 있다. 수면은 아이의 성장 호르몬 분비와 직접적으로 연결되므로 저녁 식단은 가볍고 편안하게 구성하는 게 원칙이다.

그러니 아이의 식사에서 음식 가짓수를 늘리는 것 역시 점심 식사 때 집중적으로 시도해야 한다. 단, 아이가 컨디션이 좋지 않거나 식사량이 줄고, 아픈 시기에는 다시 기본 원칙인 1·1·2 식단으로 되돌아오는 것이 안전하다.

1·1·2 식단 구성을 기본으로 식재료를 1~2개씩 추가했다. 가짓수 제한식이지만, 다양한 식재료를 통해 한 끼에 충분한 영양을 섭취할 수 있다.

아기 간식,
먹일까요? 말까요?

많은 부모들이 궁금해하지만, 간식은 '먹여도 된다 VS. 안 된다'로 단순히 답할 수 없는 주제다. 아이의 소화 능력, 이유식 적응 속도, 식사 패턴 등을 함께 고려해야 하기 때문이다.

간식 도입은 보통 생후 6개월 이후 이유식이 어느 정도 자리를 잡은 시점부터 시도할 수 있지만, 생후 12개월 미만의 아기에게는 간식이 필수가 아니다. 돌 미만의 아기는 하루에 2~3회 이루어지는 이유식과 수유로 영양과 에너지를 충분히 보충할 수 있다. 따라서 이유식에 적응하고 규칙적인 식사 패턴을 만드는 것이 더 중요하다.

특히 다음과 같은 경우라면 간식 도입을 서두르지 않는 것이 좋다.

- 이유식 섭취량이 적거나 식사량이 들쭉날쭉한 경우
- 수유 비중이 하루 섭취량의 절반 이상을 차지하는 경우
- 새로운 식재료나 질감에 거부 반응이 강한 경우
- 소화기가 약하고 배변 상태가 자주 바뀌는 경우

아이가 돌 미만이라면 간식은 '반드시' 먹어야 하는 것이 아니라, 식사 이외에 음식을 탐색하는 것을 돕는 도구 정도로 취급하는 게 적당하다. 아이가 간식을 통해 입안의 감각을 다양하게 경험하고, '음식을 먹는 즐거움'이라는 감각을 조금씩 넓혀가도록 하는 것이 목적이다. 간식이 식사를 대신하거나, 수유와 이유식 리듬을 방해하는 구조로 자리 잡지 않도록 아이의 발달 속도에 맞춰 천천히 소량으로 시작해야 한다.

간식 도입 전 체크리스트

다음 체크리스트에 체크한 항목이 3개 이상이라면, 소량으로 간식 도입을 시도해 보세요.

- ☐ 이유식 섭취량이 일정하다
- ☐ 한두 가지 이상 익숙한 식재료가 생겼고, 반복해서 잘 먹는다
- ☐ 식사 시간 이외에도 음식에 관심을 보이는 순간이 있다
- ☐ 식사 후 과도한 불편감(트림, 구토, 설사 등)이 거의 없다
- ☐ 새로운 재료를 받아들이는 폭이 조금씩 넓어지고 있다
- ☐ 양육자가 음식을 먹을 때 자주 모방 행동(손 뻗기, 흉내 내기 등)을 보인다

한눈에 보는 간식 가이드

시기	생후 6개월 이후부터	· 생후 12개월 미만일 경우 필수 제공 아님 · 이유식에 적응 후 제공 권장
제공 시간대	점심시간대 (오후 12~2시 사이)	· 아기가 가장 안정된 컨디션에서 이유식 섭취 후 제공 · 이유식과 간식 사이에 최소 1~1시간 30분 간격 권장
간식 종류	퓌레	· 당류, 농축과일 첨가제품 배제 · 과일 그대로 또는 100% 원물 기반 퓌레 선택
	떡뻥	· 반드시 물과 함께 제공 · 무가당, 무염 제품으로 제공
	동결건조과일	· 작은 조각으로 잘라 한 번에 1~2조각만 제공 · 침과 만나면 입천장, 혀, 기도에 달라붙으니 주의 · 반드시 물과 함께 제공
	티딩러스크 (치발기 과자)	· 이앓이 해소 및 구강감각을 탐색하는 도구로 제공 · 천천히 녹고 덩어리 없이 무르게 풀리는 제품 · 구강감각이 예민한 아이라면 주의
	요거트	· 무가당 제품 선택 · 당류, 향료, 농축과일 첨가제품 배제 · 알레르기 또는 장 민감성(변비, 설사, 아토피) 있다면 도입 지연
	치즈	· 유아용 저염 치즈 0.5~1장 · 나트륨 함량 체크 필수 (생후 6~11개월 1일 나트륨 권장량 370mg 이하, 식품의약품안전처 기준)

주의사항	유제품 알레르기	· 초기엔 하루 5g 이하 제공, 반응 관찰 후 늘릴 것 (대한소아알레르기호흡기학회 기준)
	나트륨	· 1회 100mg 이하(식품의약품안전처 기준)
	대체당•	· 생후 36개월 미만은 권장하지 않음(미국소아과학회, WHO 기준) · D-말티톨, 말티톨 시럽, 에리스리톨, 소르비톨, 수크랄로스, 아스파탐 등
	첨가물 및 인공감미료	· 생후 36개월 미만은 권장하지 않음(미국소아과학회, WHO 기준) · 아세설팜칼륨, 타르계 색소, 합성보존료(벤조산나트륨 등), 인공향료, 합성향료, 인산나트륨, 카라기난 등

• 대체당의 과도한 섭취는 아이뿐 아니라 어른도 주의해야 합니다. 연구에 따르면 다이어트 식품에 자주 사용되는 일부 대체당(말티톨, 에리스리톨, 소르비톨 등)은 장에서 잘 흡수되지 않아 복부 팽만감이나 설사를 유발할 수 있으며, 장기간 다량으로 섭취할 경우 대사 건강에 영향을 줄 수 있습니다.

6부

아이의 식사와 식습관 고민, 무엇이든 물어보세요! FAQ

Q1

숟가락을 계속 던지는데, 훈육을 해야 할까요?

이유식을 잘 먹기는 하는데, 식사 중에 숟가락을 계속 던져서 고민이에요. 발달 과정에서 자연스럽게 나타나는 행동이라는데, 숟가락을 계속 주워야 하니 밥 먹이는 데 시간도 오래 걸리고 지쳐요. 부드럽게 타일러야 할지, 엄하게 꾸짖어야 할지 고민스러워요.

아이가 식사 도중 숟가락을 반복해서 던지는 행동은 훈육이 필요한 '문제 행동'이 아니라 발달 과정에서 나타나는 감각 탐색과 자기조절의 연습이다. 던지기를 통해 아이는 '던지면 떨어지고, 소리가 나고, 사라진다'는 인과관계를 배우며 세상은 예측 가능하다는 감각을 익힌다. 다만, 발달 단계마다 던지기의 의미가 다르므로 구분해 대응할 필요가 있다.

생후 6~12개월: 탐색 중심의 던지기

감각 발달이 활발한 이 시기의 던지기는 탐색 중심의 자연스러운 행동이다. 즉각 제지하기보다 "이건 밥 먹을 때 쓰는 거야"처럼 차분히 도구의 역할을 알려준다. 대부분 집중력이 떨어지는 식사 후반부에 던지기 행동이 강화되므로 던지는 행동이 반복되어 식사 진행이 어렵다면 "한 번 더 던지면 치울게"라고 예고하고, 아이가 던지기 행동을 한 번 더 반복하면 식사를 마무리한다. 이후 놀이 시간에 공 던지기나 볼풀놀이처럼 던지는 활동을 제공해 아이의 탐색 욕구를 해소해 준다.

생후 13~23개월: 감정 표현으로 확장되는 던지기

이 시기의 던지기는 피로, 지루함, 통제욕구 등 감정을 나타내는 반응이다. 이때는 "안 돼. 숟가락은 밥 먹을 때 쓰는 거야"처럼 짧고 단호하게 경계를 알려준다. 그래도 던지기 행동을 반복하면 "이제 식사는 여기까지야"라고 종료 신호를 주어 행동과 결과를 바로 연결한다. 이렇듯 일관된 대응을 통해 아이는 '멈춤'의 개념을 배운다.

생후 24개월 이후: 자기조절로 전환되는 던지기

언어 표현과 자기조절이 발달하며, 감정을 말로 바꾸는 시기다. 이미 "안 돼"라는 말을 통해 규칙을 이해하지만, 감정이 앞설 때는 여전히 행동으로 표출할 수 있다.

"화나면 던지는 대신 말로 알려줘", "속상할 땐 던지는 대신 '속상해', '불편해'라고 이야기하는 거야"처럼 구체적인 언어로 감정을 연결해 준다. 감정은 수용하되 행동의 한계는 분명히 해야 하며, 일관된 반응은 자기조절력을 기르는 토대가 된다.

Q2

특정한 음식만 계속 먹으려고 해요. 괜찮을까요?

음식을 골고루 먹었으면 좋겠는데, 끼니마다 비슷한 반찬만 찾고 좋아하는 음식만 먹으려고 해요. 영양 불균형도 걱정이지만 먹을 게 점점 더 없어질까 봐 걱정이에요. 좋아하는 것만 계속 줄 수도 없고, 식사 시간마다 실랑이하는 것도 지칩니다. 다양한 식재료를 거부감 없이 접하게 하려면 어떻게 해야 할까요?

아이가 끼니마다 좋아하는 음식만 찾고, 비슷한 반찬만 잘 먹으면 엄마 입장에서는 걱정스러운 게 당연하다. 그러나 이는 특정한 음식만 고집하는 편식이나 고집이라기보다는 '익숙함'에서 오는 안정감을 찾는 행동일 가능성이 크다. 새로운 것을 탐색하면서도 아이는 '내가 알고 있는 것'을 반복하며 안정감을 느낀다. 특히 감각이 예민하거나 새로운 자극에 민감한 아이일수록 이미 경험해 본 맛과 식감의 음식을 더 선호한다. 이는 성장 과정에서 자연스러운 흐름이고, 아이는 그 안에서 '내가 먹을 수 있는 것'을 하나씩 확인하고 확장해 나간다.

그러니 모든 음식을 골고루 먹이려는 엄마의 욕심을 앞세워 새로운 음식을 억지로 입에 밀어 넣거나, "이것도 먹고, 저것도 먹어야 해"라고 압박하면 오히려 역효과가 날 수 있다.

이럴 때는 아이가 좋아하는 식재료와 비슷한 질감·색·온도의 식재료를 자연스럽게 접하게 하는 것도 좋은 방법이다. 감자를 잘 먹는 아이라면 익힌 단호박을, 달걀찜을 좋아한다면 두부처럼 비슷한 식감이나 색의 식재료로 접근하면 진입 장벽을 낮출 수 있다.

소량으로 반복해서 노출하는 것도 중요하다. 새로운 식재료를 한입 크기로 잘라 매끼 옆에 두기만 해도 아이가 스스로 먹으려고 시도할 확률이 높아진다. "이것도 먹어봐" 대신 "이건 토끼가 좋아하는 당근이야. 오늘은 안 먹어도 괜찮아"처럼 부담 없이 소개하는 것이 효과적이다.

또, 식재료를 자르거나 섞는 요리 과정에 아이를 참여시키는 것도 '내가 고른 재료'라는 심리적 연결 고리를 만들어, 아이의 식사 거부를 줄이는 데 효과적이다.

Q3

잘 먹던 음식을 어느 날 갑자기 안 먹어요

어제까지만 해도 잘 먹던 반찬을 오늘은 입에도 안 대고 고개를 돌려버려요. 한두 번이면 그냥 넘어가겠는데, 이런 행동이 며칠, 몇 주씩 반복돼서 고민이에요. 정성껏 준비한 식사를 아이가 갑자기 안 먹겠다고 하니 힘도 빠지고, 도대체 왜 이러는지 이유를 알 수 없어 답답해요. 제가 뭘 잘못하고 있는 건지, 안 먹겠다는 아이의 요구를 어디까지 들어줘야 하는지 모르겠어요.

아이가 잘 먹던 음식을 갑자기 거부하는 것은 발달 과정에서 무척 흔히 일어나는 현상이다. 아이가 특정한 음식을 갑자기 거부할 때는 갑자기 입맛이 변해서라기보다는 거기에 감각 피로, 정서 상태, 발달 변화가 반영되어 있을 수 있다.

특히 맛, 냄새, 온도, 질감, 색감과 같은 자극에 민감하게 반응하는 등 감각이 예민한 아이들은 재료가 같아도 조리법, 식감, 온도, 색감이 조금만 달라지면 이를 크게 받아들여 거부 반응을 보이기도 한다. 브로콜리를 익힌 정도, 밥알의 수분감 하나 정도만 달라졌는데도 "이건 내가 알던 그 음식이 아니야"라는 반응을 보인다.

또, 아이의 마음과 몸의 피로도가 높은 날이라면 평소에는 잘 먹던 음식조차 낯설게 느낄 수 있다. 심리적인 균형이 흔들릴 때, 가장 익숙한 것에 대한 반응부터 달라지는 것은 아이에게 매우 자연스러운 표현 방식 중 하나다.

그러니 아이가 잠깐 거부한다고 해서 바로 "이제 이걸 싫어하게 됐구나"라고 단정 짓지 말고, 감각 피로나 정서적 긴장감을 완화할 수 있도록 3~7일 정도 회복 간격을 두고, 다시 노출하는 것이 좋다. 이 정도의 시간 간격은 아이가 이전의 불편한 경험을 잊고, 새로운 조건에서 음식을 받아들일 수 있도록 심리적으로 여백을 주는 기간이다.

영유아의 몸은 생각보다 강인하고 스스로 조절하는 능력이 있다. 건강한 아이가 한 끼 식사를 거르거나 적게 먹는 것은 대체로 큰 문제가 되지 않는다.

아이의 식사 거부는 감각 피로, 에너지 저하, 정서적 긴장에 따른 것일 수도 있고, 혹은 자기주도성을 확인하려는 발달적인 표현일 수 있다. 이러한 신호를 무시하고 억지로 먹이려 했다가는 위장 부담은 물론, 식사 자체에 대한 부정적 기억이 형성될 수 있다.

따라서 아이에게 한 끼를 제대로 못 먹였다고 해서 '내가 뭔가 잘못한 건 아닐까' 하고 죄책감을 느낄 필요도 없고, 너무 억지로 먹이려고 할 필요도 없다.

중요한 것은 아이의 컨디션을 관찰하여 다음 식사에서 자연스럽게 리듬을 다시 연결하는 것이다.

Q4

아이가 아플 때는 어떻게 먹여야 할까요?

아프니까 입맛도 없어지는 게 당연한데, 약을 먹이려면 뭐라도 먹여야 할 것 같고 빨리 나으려면 고단백 보양식을 챙겨 먹여야 하지 않나 하고 고민돼요. 아이가 아플 때는 어떻게 먹여야 하는지, 특별히 좋은 음식은 무엇인지 궁금해요.

아이가 아플 때일수록 '뭐라도' 먹이자는 식으로 접근하거나 고단백 보양식을 먹이기보다는, 회복을 방해하지 않고 소화에 부담이 적은 음식을 제공하는 게 좋다.

아이가 아프면 단순히 기운이 없는 것을 넘어 소화 기능과 장운동 능력이 함께 저하된다. 열이 나고 기침, 감기 증상이 동반되면 몸은 열을 내고 염증과 싸우기 위해 많은 에너지를 소모한다. 그러면서 정작 위장으로 가는 혈류는 줄고, 소화 효소의 분비도 감소한다.

이런 상태에서 소화하기 버거운 음식이 들어가면 위장은 더욱 큰 부담을 받고 식욕 저하, 복부 팽만, 체력 저하 등을 반복하며 회복이 늦어질 수 있다. 특히 이 시기에는 몸이 회복과 생존을 우선하기 위해 심장, 폐, 간, 위장 등 주요 장기에 혈액과 에너지를 집중하는 생리적 반응이 나타난다. 그에 따라 손발이나 피부 같은 말초 부위로 가는 혈류가 줄어들어, 상대적으로 손발이 차가워지는 현상이 생기기도 한다.

따라서 아이가 아플 때는 얼마나 소화하기 쉬운 식사를 했는지가 회복 속도를 좌우한다.

아이가 아플 때는 많이 먹지 않아도 괜찮다. 중요한 건 수분, 염분, 당분탄수화물을 균형 있게 섭취하면서 소화가 편하고 자극이 적은 음식을 천천히 먹는 것이다. 아이의 기분과 체온, 표정, 먹는 속도를 살피며 '조금이라도 부담 없이 먹이는 것'을 목표로 삼는다.

[아플 때 추천하는 음식]

누룽지, 죽처럼 따뜻하고 부드러운 곡물 위주 식사

위장을 편안하게 해주고, 기초 에너지원인 탄수화물을 안정적으로 공급해 준다.

된장국, 달걀국, 소고기 미역국, 뭇국 등 국물 있는 음식

수분과 함께 소량의 염분까지 보충할 수 있어, 열이 나거나 땀을 많이 흘리거나 음식을 삼키기 힘들어하는 아이에게 적합하다.

달걀찜, 다짐육, 흰살생선을 활용한 부드러운 찜 요리

수분을 머금어 부드러운 형태로 조리한 단백질은 씹고 삼키기 쉬우며, 위장에 부담이 적어 식욕이 떨어진 회복기 아이에게 좋다.

냉기를 제거한 과일

너무 차갑지 않게 냉기를 제거한 과일은 수분, 비타민, 당을 자연스럽게 보충해 준다.

[아플 때 조심해야 하는 음식]

유제품(우유, 치즈, 요거트 등)

유제품은 소화하는 과정에서 생각보다 부담이 크다. 아프면 위장 기능도 함께 약해지기 때문에 평상시에는 잘 먹던 유제품도 일시적으로 소화가 어려워질 수 있다. 특히 장염 이후나 열감을 동반한 감기라면 유당을 분해하는 효소 활동이 감소할 수 있어 복통, 가스, 묽은 변 같은 반응이 나타나기도 하니, 유제품은 식사에서 배제해야 한다.

가공 탄수화물(면, 빵, 떡 등)

가공 탄수화물은 혈당을 빠르게 올리는 특성 때문에 먹으면 잠시 기운이 나는 것 같지만, 금세 에너지가 떨어지고 피로감이 한층 더 심해진다. 아이가 아파서 장 점막이 약해지고 감각이 예민할 때는 급격한 혈당 변화가 장내 균형을 흐트러뜨리고 회복을 방해할 수 있다.

또한, 가공 탄수화물은 영양 밀도가 낮아 회복기 아이에게 필요한 영양을 충분히 제공하지 못하기 때문에, 아이가 아플 때는 가능하면 제한하는 것이 바람직하다.

굽거나 튀겨 기름진 고단백 육류

단백질은 분해·대사되는 과정에서 많은 에너지가 필요하기 때문에 섭취 후 체온이 일시적으로 더 올라가거나 소화기의 부담이 커질 수 있다. 특히 굽거나 튀기는 등 고온에서 조리한 육류는 조리 과정에서 단단해지고 수분이 날아가므로, 아이가 씹고 삼키기 어려워 위장 활동을 방해하며 안 그래도 낮은 식욕을 더 떨어뜨릴 수 있다. 아플 때나 회복기에는 육류를 찜이나 국물 요리처럼 수분을 머금은 부드러운 형태로 조리하여 소화 부담을 줄이는 방식이 적합하다.

Q5

소금 간과 조미료 사용은 언제부터 해야 하나요?

이유식에서 유아식으로 넘어가야 하는데, 슴슴 간을 해야 할지 고민이에요. 너무 싱겁게만 먹이면 아이가 밥을 맛없어하지는 않을지, 너무 일찍 간을 하면 신장에 무리가 가지는 않을지, 자연 식재료로만 맛을 내야 할지, 아기용 조미료를 사용하면 괜찮을지 알려주세요.

아기의 소금 섭취에 관해서는 여러 논쟁이 있지만 세계보건기구WHO, 미국소아과학회AAP, 국내 식품의약품안전처 모두가 만 2세 이전 영아에게는 염분이나 향미 조미료의 사용을 최대한 늦추기를 권고한다.

그 이유는 크게 다음과 같이 세 가지로 나눌 수 있다.

첫째, 영아의 신장은 성인보다 나트륨을 배출하는 능력이 현저히 낮다. 이 시기에 염분 섭취가 많아지면 체내에 염분이 축적되고, 신장 기능에 부담을 주며, 체액 불균형이나 고혈압 위험이 증가할 수도 있다. 실제로 과도한 염분에 노출된 생후 12개월 미만의 아기가 경미한 신장 기능 저하를 겪은 사례도 보고된 바 있다.

둘째, 생애 초기의 식습관과 미각 형성은 평생 식생활 방향을 결정 짓는 기반이 된다. 너무 이른 시기에 짠맛이나 감칠맛에 노출되면 식재료 본연의 맛을 느끼는 감각이 둔화하는 한편, 자극적인 맛을 선호하는 식습관을 갖게 될 수도 있다.

셋째, 영아들이 먹는 대부분의 자연 식재료에도 나트륨이 포함되어 있으므로, 굳이 소금을 첨가하지 않아도 된다. 예를 들어, 쌀밥 100g에는 약 6mg, 달걀 1개에는 약 65mg, 애호박 반 개약 100g에는 약 2mg의 나트륨이 들어 있다. 이러한 자연 식재료를 통해 두 돌 이전의 영아들은 필요한 나트륨을 충분히 섭취할 수 있다. 따라서 영아의 식단에서 '간'을 서두를 필요는 없으며, 아이의 발달 속도에 맞춰 천천히, 필요한 만큼만 도입하는 것이 바람직하다. 식품의약품안전처에서는 만 1~3세 유아의 하루 나트륨 섭취를 800mg 이하로 권장한다.

물론 현실을 무시할 수는 없다. 아이가 어린이집에 다니거나 외식이 잦은 환경이라면, 소금 간이나 유아용 저염 조미료를 예정보다 일찍 식단에 포함할 수 있다. 그러나 이 경우에도 식사의 중심 역할을 하는 가정에서는 자연식 위주로 식사를 유지해야 한다. 이런 구조를 잘 유지한다면, 아이는 기관 생활이나 외식 환경 속에서도 건강한 식습관 흐름을 이어나갈 수 있다.

Q6

밥을 먹다가 갑자기 울거나 짜증을 내요

밥을 잘 먹다가 갑자기 엉엉 울거나, 이유 없이 짜증을 내는 아이 때문에 당황스럽고 속상해요. 먹기 싫으면 처음부터 거부하지 왜 이제 와서 이러나 싶기도 하고, 맛있게 잘 먹고 좋아하던 반찬인데 갑자기 싫어하니 영문을 모르겠어요. 즐거운 식사 시간이 갑자기 울음바다가 되니 너무 속상해요.

아이 입장에서 식사 시간은 음식을 먹기보다는 감정과 환경의 영향을 더 크게 받는 시간이라는 점을 먼저 기억하자. 특히 영유아기는 '불편해', '더 이상 먹고 싶지 않아' 같은 감정을 말로 또박또박 표현하기가 아직은 어려운 시기다. 그러니 그런 감정을 울음이나 짜증 같은 행동으로 표현하는 건 어쩌면 당연한 일이다.

배가 슬슬 부르기 시작했을 수도 있고, 갑자기 낯선 맛이나 식감을 느꼈거나, 엄마의 말투나 주변 분위기가 아이에게 부담으로 다가왔을 수도 있다. 좋아하던 반찬이라도 조리 방법이나 식감이 미묘하게 달라졌을 경우 그것만으로도 다른 반응을 보일 수 있다.

영유아기 아이들은 기분 전환이 빠르고 감정 기복도 큰 편이다. 식탁에서 자율성이 충분히 보장되지 않거나 "다 먹어야지", "한 입만 더 먹자"와 같은 말들이 반복될 때, 아이들은 그 순간의 감정을 '먹는 행동'이 아니라 짜증이나 울음으로 표현하기도 한다.

이럴 땐 행동에만 집중하지 말고 아이가 보내는 신호를 한 번 더 확인할 필요가 있다. 억지로 다시 먹이거나 "갑자기 왜 울어?", "이거 좋아했잖아", "빨리 먹어"와 같은 말보다는 "지금 먹기 싫었구나", "입에 넣어보니까 마음에 안 들었나 보다"처럼 아이의 감정을 한 번 더 짚어주면 아이가 감정을 조금씩 언어로 표현하는 연습에 도움이 된다.

아이는 '먹기 싫다'는 감정을 어떻게 표현하면 괜찮은지 배우는 중이다. 그 과정에서 짜증이나 울음이 나올 수도 있다. 그럴 때마다 감정적으로 대응하거나 당장 먹이는 것에만 집중하지 말고, 아이가 감정을 정리할 수 있도록 식사의 흐름을 잠시 멈추는 것이 좋다.

억지로 식사를 이어가기보다는, 아이가 스스로 감정을 가라앉히고 다시 식사를 시작할 수 있도록 작은 틈과 선택의 여지를 남겨주는 태도가 바람직하다. 이러한 여유는 아이가 식사에 대한 부담을 덜고, 자발적으로 다시 식사로 돌아올 수 있는 정서적 발판이 되어준다.

Q7

유아용 식탁 의자에 앉는 걸 너무 싫어해요

아이가 집중해서 밥 먹는 시간이 너무 짧고, 유아용 식탁 의자에 앉기를 싫어해요. 식사 도중에 계속 일어나 의자에서 벗어나려고 몸을 버둥거리고 울며 떼쓰는 걸 달래다 보면 진땀이 나요. 다른 집 아이는 얌전히 잘만 앉아 있는데, 왜 우리 아이만 이럴까요? 돌아다니는 아이를 따라다니면서라도 밥을 먹여야 할까요?

아이 입장에서 유아용 식탁 의자에 앉아 있는 시간은 단순히 '밥을 먹는 시간'이 아니라 '움직이고 싶다'는 본능과 '가만히 있어야 한다'는 요구가 충돌하는 순간이다. 자율성이 강하거나 감각적으로 예민한 아이라면 한자리에 오래 앉아 있는 것 자체가 부담스러울 수 있다. 이런 아이는 배고픈 상태에서 식사를 시작했더라도, 중간에 지루함이나 불편함이 올라오면 식욕보다 움직이고 싶은 욕구가 더 커진다.

아이가 의자에 앉기 싫어하는 것은 무언가 불편하다는 신호일 가능성이 크다. 바깥에서 들리는 소리, 실내조명, 엄마의 말투처럼 주변 환경이 아이에게 자극이 되었을 수도 있다.

앉아서 먹는 시간이 유독 짧은 아이라면, 식사 전에 짧은 산책 등 에너지를 방출하는 활동을 해보는 것도 방법이다. 몸의 움직임을 통해 긴장했던 감각을 안정시키고 몸에 몰려 있던 에너지를 어느 정도 풀어주면, 주의 집중력도 좋아지고 의자에 앉아 식사에 몰입하는 시간도 조금 더 늘어날 수 있다. 특히 감각에 민감한 아이일수록 식사 전에 이루어지는 감각 조절 경험이 식사 집중도에 중요한 영향을 미친다.

또한, 유아용 식탁 의자를 싫어하는 아이에게는 이 의자에 앉아 긍정적인 경험을 쌓게 하는 접근도 효과적이다. 꼭 식사 시간이 아니더라도 이 의자에 앉아 그림책을 보거나, 엄마와 간단한 간식을 나눠 먹거나, 작은 장난감을 가지고 노는 등 긍정적인 경험을 반복한다. 그러면 아이가 유아용 식탁 의자를 '억지로 먹는 자리'가 아닌, 익숙하고 편안한 자리로 인식하면서 자연스럽게 거부감도 줄어든다.

Q8

촉감놀이 때는 잘 먹다가, 막상 식사 시간에는 안 먹어요

아이가 촉감놀이를 하면서 만든 주먹밥은 맛있게 먹는데, 식탁에 앉아 제대로 먹이려고 하면 입을 꾹 다물어요. 촉감놀이나 음식 만들기 놀이를 할 때는 즐겁게 음식을 만지고, 냄새도 적극적으로 맡고, 조잘조잘 말도 잘하는 아이의 모습에 '오늘은 밥도 잘 먹으려나' 하고 기대했다가 매번 실망하니 맥이 풀려요. 밥 먹는 시간 자체가 아이에게 스트레스일까요?

놀이 시간
꼭 먹지 않아도 되는 시간

식사 시간
꼭 먹어야 하는 시간

아이들에게는 음식 자체보다 '먹는 상황'이 더 중요하다. 촉감놀이를 하거나 음식을 만들 때는 아이도 엄마도 음식을 '놀이'나 '탐색 활동'의 일부로 받아들이기 때문에, 음식에 흥미를 느끼고 적극적으로 맛보려는 행동이 자연스럽게 나온다.

하지만 식사 시간이 되면 아이는 같은 음식이라도 정해진 시간과 장소에서, 똑바로 앉아, 일정량을 먹어야 하는 규칙과 압박을 느끼기 때문에 음식에 대한 거부가 커질 수밖에 없다. 특히 자기주도성이 강하거나 감각이 예민한 아이일수록 자율성과 자기주도성이 제한된 식사 시간에는 급격히 흥미를 잃기도 한다. 그러니 아이가 식사 시간에도 음식을 편안하게 받아들이도록 하려면, 촉감놀이나 요리 활동 시간처럼 부담 없고 자연스러운 식사 환경을 조성하는 것이 좋다.

어떻게 하면 '자연스럽고 편안한 식사 환경'을 만들 수 있을까?

첫째, 아이가 식사 상황에서 선택할 수 있는 요소를 늘려준다. 반찬을 직접 고르거나, 수저나 컵을 스스로 선택하는 것만으로도 자기주도성을 느끼며, 식사에 대한 심리적 거부감을 줄일 수 있다.

둘째, 아이가 식사 상황을 편안하게 느낄 수 있도록 정서적인 여유를 만들어준다. "이 반찬은 무슨 색이지?"와 같이 가볍게 이야기를 나누거나, 음식의 냄새나 식감을 함께 표현해 보는 것도 좋다. 이런 상호작용은 아이에게 식사 시간이 '먹어야만 하는 시간'이 아닌, '함께 나누는 시간'이라는 인식을 만들어준다.

셋째, 식사 전후로 감각을 다룰 수 있는 짧은 활동을 연결해 준다. 식사하기 전 재료를 만져보거나 냄새 맡아보기, 식사가 끝난 뒤 오늘 먹은 채소 색깔 맞추기 같은 활동을 연결해 주면 '놀이에서 식사로, 식사에서 놀이로' 자연스러운 흐름이 형성된다.

이런 작은 경험이 반복되면 아이는 '밥 먹는 시간'을 자기 감각과 주도성이 존중받는 '익숙한 경험의 연장선'으로 받아들이게 된다.

Q9

혼자 먹을 수 있는데 자꾸 먹여달라고 해요

혼자서 숟가락질도 잘하고 컵에 든 물도 잘 마시는 아이인데, 자꾸 "엄마가 먹여줘"라면서 입을 벌려요. 이러다가 먹여주는 게 습관이 되고 아이의 자립심에 문제가 생길까 봐 걱정돼요. 그렇다고 안 먹여주면 밥을 굶을까 봐 또 걱정이고요. 단호하게 혼자 먹도록 해야 할까요?

"**혼자 먹을 수 있는데** 자꾸 먹여 달라고 해요."

"**기관에서는 혼자 잘 먹는다던데** 자꾸 먹여달라고 해요."

여기서 중요한 건 앞에 있는 문구다. 혼자서 먹을 수 있는 아이라는 점, 집이 아닌 기관에서는 잘 먹는다는 점. 이 두 가지가 충족된다면 집에서 아이가 먹여달라고 하는 요구를 단호하게 끊어내지 않아도 괜찮다. 먹여주는 게 습관이 될까 봐 걱정될 수는 있겠지만, 이미 스스로 먹을 줄 아는 아이라면 '먹여달라'는 행동은 기술 부족의 문제가 아닌, 마음의 신호일 가능성이 크다.

특히 하루 중 엄마와 가장 오롯이 연결되는 시간이 식사 시간이라면, 아이는 그 시간을 통해 안정을 느끼고 사랑을 확인받고 싶을 수 있다. 그날 유독 자극이 많았거나, 엄마와 함께하는 시간이 필요했거나, 엄마 손길이 그리웠을 수도 있다. 이런 날이라면 처음 몇 입 정도는 기꺼이, 흔쾌히 먹여줘도 괜찮다.

"그래! 엄마가 도와줄게. 이제 한 입은 ○○이 차례지?" 하며 아이에게 조금씩 주도권을 다시 건네주는 식으로 연결하면 좋다.

만약 먹여달라는 요구를 반복한다면 식사 전에 아이를 꼭 안아주고, 짧게라도 아이에게 집중하는 시간을 갖는 것이 도움이 된다. 엄마와 충분히 연결되면, 아이가 스스로 먹고자 하는 의지는 자연스럽게 따라온다.

Q10

자기 그릇이 아닌, 엄마 그릇에 있는 것만 먹으려고 해요

분명 같은 음식인데 희한하게 엄마인 제 그릇에 담긴 음식만 탐을 내요. 엄마 밥이 더 맛있어 보이나 싶어 아이 밥을 더 신경 써서 차려주는데도, 엄마 그릇에 담긴 걸 달라고 떼를 써요. 어떤 심리에서 이렇게 행동하는 걸까요?

엄마 그릇의 음식을 먹는 것은 내가 선택한 것이므로, 자기주도성이 강한 아이들은 같은 음식이어도 자기 그릇에 담긴 음식을 거부하고 엄마 그릇의 음식을 먹는 것을 더 선호한다.

또, 아이가 엄마 그릇의 음식을 먹으려는 이유에는 '사회적 학습'이라는 것도 있다. 아이에게 엄마는 가장 신뢰할 수 있는 존재이므로, 아이는 엄마가 먹는 음식을 더 맛있고 안전한 것으로 자연스럽게 인식한다.

엄마 그릇의 음식을 욕심내는 아이의 행동을 고집으로 치부하고, 제한하거나 제지하기보다 아이의 자기주도성을 인정하는 방식이 무엇인지 고민할 필요가 있다.

어떤 그릇에 먹을지, 음식은 얼마나 담을지 등을 아이가 결정하도록 작은 주도권과 선택권을 주는 것이 좋다. 이런 식사 환경이 반복될수록 아이는 모방을 통한 즐거움과 스스로 선택하는 만족감을 느끼게 된다.

Q11

자기 수저로는 안 먹는데, 어른 수저나 밥주걱으로 주면 잘 먹어요

아이용으로 예쁜 수저를 줬는데도, "와, 크다!", "엄마처럼 먹어야지", "이거 내 거야"라며 굳이 어른 수저나 밥주걱으로 먹으려고 해요. 자기에게 맞지도 않고 무거운 수저를 들고 낑낑대는 게 불안하기도 하고, 왜 저러는지 이해가 안 돼요. 우리 아이만 유별난 걸까요?

아이들은 다양한 도구에 호기심을 느끼고, 직접 만지고 써보며 세상을 배운다. 아이가 어른 수저나 밥주걱으로 밥을 주면 잘 먹는 이유는 늘 쓰던 자기 수저는 너무 익숙해서 재미없게 느껴지기 때문일 수도 있고, 어른 수저나 밥주걱처럼 생김새나 무게, 촉감이 다른 도구가 새롭고 자극적인 경험으로 다가오기 때문일 수도 있다.

중요한 건 아이가 어른 도구를 사용하는 행동 자체가 '모방'의 표현이라는 점이다. 여기에는 '엄마도 저걸 쓰니까, 나도 한번 해보고 싶다'는 마음과 '내가 정한 방식대로 해보고 싶다'는 자기주도성이 함께 담겨 있다고 볼 수 있다. 도구 하나를 고르는 행동을 통해서도 스스로 선택하고 결정해 보는 경험을 하고 싶은 것이다.

이럴 때는 아이의 선택을 막거나 아이용 수저만 고집하기보다, "이번엔 밥주걱으로 한 입 먹고, 다음엔 ○○이 수저로 한 입 먹어 볼까?"처럼 자연스럽게 도구를 전환하는 것이 훨씬 효과적이다. 엄마 수저를 잠깐 빌려주거나 아이가 직접 오늘 쓸 수저를 골라보게 하는 것도 좋은 방법이다. 자기주도성이 강한 아이에게는 어떤 도구를 썼느냐보다 누가 그 도구를 선택했느냐가 훨씬 더 의미가 있다.

이렇게 선택의 여지를 열어주면 아이가 '존중받는다'고 느끼고, 특정한 도구를 고집하기보다 자기 수저로 자연스럽게 돌아올 수 있는 흐름이 만들어진다.

Q12

자기 밥을 계속 엄마한테 먹여줘요

아이가 자기 밥을 안 먹고 자꾸 저한테 먹여주려고 해요. "엄마, 아~ 해봐", "○○이가 주는 거야", "이번엔 이거 먹어봐" 하는 아이의 모습이 처음에는 귀여웠는데 이제는 자기가 먹기 싫어서 그러는 건지, 엄마가 먹는 모습이 재미있어서 장난을 치는 건지 모르겠어요. 제가 너무 오냐오냐 키운 걸까요?

이 행동은 단순한 장난이 아니라, 아이가 엄마와의 관계 속에서 애정을 표현하고 새로운 역할을 탐색하는 방식일 수도 있고, "나도 엄마한테 해줄 수 있어"라는 작은 자립 신호일 수도 있다.

아이들은 이런 상호작용을 통해 배우고 그 과정에서 자기효능감도 기른다. 만약 이 행동이 지나쳐서 식사 진행이 어렵다면 해당 행동에 대한 아이의 욕구를 식사 외 시간, 즉 놀이로 자연스럽게 옮겨주면 도움이 된다.

식사 시간에는 "엄마 챙겨줘서 고마워" 하며 아이의 마음을 반겨주고, "이제 이번엔 ○○이 차례야" 하고 자연스럽게 식사의 주도권을 아이에게 돌려줌으로써 식사를 이어나가게 한다.

[자기효능감을 느낄 수 있는 연령별 추천 놀이]

생후 18개월~만 3세: 역할 바꾸기 놀이(엄마 ↔ 아이)

엄마는 아이 역할을, 아이는 엄마 역할을 하며 먹여주기, 안아주기, 물 따라주기 같은 상황 안에서 돌보는 경험을 할 수 있다.

생후 18개월~만 3세: 인형 돌보기 놀이

인형을 대상으로 손 씻기, 밥 먹이기, 물 마시기, 목욕하기처럼 아이가 평소 경험하는 일상 루틴을 수행하게 한다. "얘도 ○○이처럼 밥 먹고 씻어야지" 하며 자연스럽게 연결하면, 아이가 스스로 자신의 하루 흐름을 이해하고 익히는 데 도움이 된다.

만 1~3세: 인형 밥 먹이기 놀이

아이가 자주 쓰는 숟가락이나 음식 모형으로 인형에게 밥을 먹여본다. "이렇게 잘 챙겨주는 거 보니까, 진짜 엄마 같네", "○○이가 먹여줘서 인형이 더 잘 먹는 것 같아" 같은 언어 표현으로 돌봄과 관련한 감각을 자연스럽게 확장시킬 수 있다.

만 2~5세: 간단한 간식 만들기 + 먹여주기

주먹밥 만들기, 바나나 자르기 같이 아이가 직접 만들 수 있는 활동을 간단히 한 후, 아이가 만든 음식을 가족에게 먹여주거나 함께 나누어 먹게 한다. '내가 만든 것을 누군가가 먹는다'는 경험을 통해 아이는 자기효능감과 성취감을 느끼고, 자연스럽게 음식과의 친밀감과 주도성을 형성하는데 도움이 된다.

만 2~5세: 병원놀이

"엄마 괜찮아요?" 하고 아이는 의사 역할을, 엄마는 환자 역할을 한다. 밥 챙기기, 약 챙기기 등을 주제로 대화하는 과정에서 아이는 엄마를 챙겨주고 싶은 마음을 건강하게 발현할 수 있다.

Q13

김이 있어야만 밥 먹는 아이, 괜찮을까요?

아이가 어릴 때부터 김을 좋아하기는 했는데, 이제 김이 없으면 밥을 입에도 안 대요. 아이에게 김이 단순한 반찬이 아니라 식사의 전부가 되다 보니, 혹시라도 김이 떨어질까 봐 항상 넉넉하게 쟁여두는데 이게 맞나 싶어요. 영양 불균형이 너무 걱정되는데, 김 말고 다른 반찬에도 흥미를 느끼게 하려면 어떻게 해야 할까요?

'김'은 유아 식탁에서 자주 등장하는 식재료지만, 고형물에 대한 적응이 충분히 이루어진 후 제공하는 것이 더 안전하다. 특히 김은 제품에 따라 나트륨 함량이나 향미제, 감미료 같은 첨가물의 차이가 크기 때문에 선택 시 더욱 주의가 필요하다.

물기가 거의 없고 입안에 잘 달라붙어, 고형식을 잘 삼킬 수 있는 후기 이유식 시기인 보통 생후 10~12개월 이후부터 주는 것이 안전하다. 처음에는 반드시 작게 자른 무조미 김으로 시작하고, 소금과 간장 분말 등이 첨가된 조미김은 최소 생후 18개월 이후, 가능하면 생후 24개월 이후부터 소량으로 시작하는 것을 권장한다.

현재 영유아의 김 권장량은 공식 기준으로 명시된 것이 없기 때문에 나트륨 함량을 기준으로 제한하는 것이 바람직하다. 식품의약품안전처에서는 만 1~3세 유아의 하루 나트륨 섭취를 800mg 이하로 권장하고 있는데, 아기 김 1봉5~6장 기준의 나트륨 함량은 보통 40~80mg 수준이다. 따라서 만 1~3세 유아의 경우 하루에 아기 김 3~5봉 정도를 '상대적으로 안전한 섭취량'으로 본다.

김은 식이섬유 함량이 높은 식재료로서 의외로 소화에 시간이 오래 걸리고 가스를 유발하는 음식이다. 장이 예민하거나 위장 기능이 아직 불안정한 아이라면 김 섭취량을 제한해야 한다.

아이가 김이 있어야만 밥을 먹는다면 단순한 입맛의 문제가 아니라, 입안 감각이 예민하거나 먹는 경험이 아직 충분히 다양하지 않아 그럴 수도 있다. 이럴 땐 아이의 감각과 소화 상태, 식사에 대한 정서적 반응을 함께 살펴보는 접근이 필요하다.

만약 아이가 김으로만 밥을 먹으려고 한다면 입안 감각이 예민할 가능성을 고려해야 한다. 김은 입안에서 밥알의 식감, 온도, 습도를 차단해 준다. 밥알이 입안에 닿는 감각이 불편한 아이라면 김으로 밥알을 감싸 그 불편한 감각을 덜어내는 것일 수 있다. 이런 아이에게는 밥의 식감이나 온도를 조절하고 김 없이도 편안하게 먹을 수 있도록, 다음과 같은 방법으로 감각 범위를 천천히 넓혀주는 것이 좋다. 핵심은 김을 '없애는 것'이 아니라 아이가 안전하게 느끼는 김을 통해 감각을 '넓혀주는 것'이다.

1. 김을 활용한 '전이식' 만들기

김 자체를 없애기보다 김을 식사 안에 '녹이는' 방법이 있다. 김을 잘게 부숴 밥에 섞거나 김가루를 반찬 위에 솔솔 뿌려 먹게 하는 식이다. 점차 김의 존재감을 줄이면서 '김 없이도 먹는다'는 성공 경험을 만들어 줄 수 있다. 이를 통해 아이는 "김은 반드시 있어야 해"가 아니라 "김은 맛을 도와주는 재료야"로 받아들인다.

2. 김을 대신할 다른 식재료로 확장하기

아이가 자연스럽게 새로운 감각으로 넘어갈 수 있도록 김 대신 다른 재료들을 활용한다. 얇게 부친 달걀지단, 부드러운 양배추쌈, 살짝 데친 배추 등은 김처럼 싸 먹을 수 있으면서도 전혀 다른 식감과 온도, 향을 경험하게 해준다. 이는 김에 대한 아이의 집착을 조금씩 느슨하게 풀어주고, 다른 식재료도 안전하게 느끼는 경험을 제공한다.

3. 쌈 놀이 활용: 감각 노출을 놀이로 바꾸기

김으로만 싸서 먹는 아이는 '감싸서 먹는 구조' 자체를 안정적으로 느끼는 경우가 많다. 이럴 땐 쌈 놀이를 활용해 감각 자극을 재미있는 활동으로 전환해 주면 효과적이다. 아이가 스스로 김 안에 다양한 재료를 넣어보게 하면 쌈 속 재료에 따라 식감, 온도, 색감이 달라지는 경험을 자연스럽게 하게 된다.

Q14

너무 잘 먹는 아이, 소아비만이 걱정돼요

아이의 오동통한 볼살과 튼실한 허벅지를 볼 때마다 무척 흐뭇해요. 그런데 돌이 지나고 또래보다 몸무게가 훨씬 많이 나가니까 살짝 걱정이 돼요. 어릴 때 찐 살은 다 키로 간다고 하지만, 배부른데도 계속 밥을 더 달라고 하는 아이의 요구를 들어줘야 할지, 단호하게 끊어야 할지 고민돼요.

식습관 컨설팅 의뢰는 대부분 아이가 밥을 잘 먹지 않아서 들어온다. 그러나 지속적인 과잉 섭취도 밥을 안 먹는 것만큼이나 아이의 성장 균형을 무너뜨리고 건강에 부담을 줄 수 있다.

영유아기 과식의 경우 "안 먹는 것보단 많이 먹는 게 낫다", "어릴 때 찐 살은 다 키로 간다"는 말로 가볍게 넘기기 쉽다. 그러나 식습관이 형성되고 지방세포 수가 빠르게 증가하는 영유아기에 지속적인 과식은 체지방 축적과 대사질환의 원인이 될 수 있다.

과식을 "잘 먹는다"라며 무조건 긍정적으로 받아들이기보다는 아이가 먹는 방식, 하루 식사 패턴, 식후 소화 반응 등을 함께 살펴보려는 시선이 필요하다. 이 시기의 아이는 발달 단계상 식욕을 스스로 조절하기 어렵기 때문에, 양육자의 반응과 식탁 환경이 아이의 식사 행동 및 식습관 형성에 결정적인 영향을 미친다.

먹는 양을 칭찬하면 그 순간에는 아이의 식사 의욕을 높일 수 있지만, 아이가 '많이 먹는 것 = 좋은 것'이라는 메시지로 잘못 받아들일 염려가 있다. 특히 칭찬받기 위해 포만감을 무시하고 계속 먹으면 과식하는 습관으로 이어질 수 있으니 조심해야 한다.

만 6세 미만 아동은 일반적인 체질량지수BMI만으로 비만 여부를 판단하기 어렵다. 이 시기에는 성장곡선소아 성장 도표을 함께 참고해야 하며, 다음 내용에 해당한다면 조심스럽게 비만 위험성을 고려해 볼 필요가 있다.

- ☐ 체중이 또래 평균보다 90백분위 이상으로 계속 높게 유지된다
- ☐ 몸통이나 배 부위에 지방이 집중되어 있다
- ☐ 식사량에 비해 활동량이 현저히 적다
- ☐ 정크푸드 섭취 빈도가 높고 먹는 속도가 매우 빠르다

또한, 아이가 하루 종일 무언가를 먹으려 하거나 배가 부른 상태에서도 더 먹고 싶어 하고, 먹는 동안 과도하게 흥분하거나 조급한 모습을 보인다면 단순한 '식욕'이 아니라 정서적인 불안이나 감정적인 허기 때문일 수 있다. 혹은 감각 자극을 얻기 위해 반복하는 행동일 수 있다는 점도 고려해야 한다.

오늘도 기꺼이 하루를 살아낸 엄마들에게,
그리고 나에게

아기를 가진다는 건
잃어야 할 것과 내려놓아야 할 것을
오래도록 생각하게 만드는 일이었다.
충분히 고민한 후 스스로 선택한 길이었지만,
아이를 키운다는 건
내 삶에서 예상보다 훨씬 더 많은 것들을 바꾸어 놓았다.

그리고 그 변화들 중 어느 것 하나 괜찮다고
쉽게 말할 수 없었다.
얼마나 더 내려놓아야 할까?
얼마나 더 비워야 할까?
그리 대단할 것 없는 육아임에도
생각보다 많은 희생이 필요하다고 생각했다.
아이는 엄마의 젊음을 먹고 큰다기에

그냥 그런가 보다 하고 생각했다.
자라는 아이들을 보느라 나의 계절을 놓치고 산다고 여겼다.
그러나 지나고 돌아보니,
놓쳤다고 생각했던 계절은 가득 차 있었고
지켜봤다고 믿었던 순간들에 남은 것은 아쉬움뿐이었다.
육아는 날마다 후회와 자책의 연속이지만,
그 모든 순간이 지나고 남는 건 결국 기꺼움이다.

하루를 무사히 지나온 아이의 옆에서
수많은 다행을 하나씩 배워가며,
나도 아이와 함께 자라고 있음을
조금씩 깨닫는다.

그저 작은 꽃 한 송이를 피우고 싶었을 뿐인데
봄을 통째로 가져다준 나의 아이들에게,
그리고 그 봄을 기꺼이 함께 살아내고 있는
모든 엄마들에게
진심을 담아 격려와 응원을 보낸다.

특별
부록
1

스스로 잘 먹는 아이
: 기질별 미션& 솔루션

식사는 늘 반복되고,

실패처럼 보이는 오늘의 이 순간이

내일의 변화로 이어지는 밑거름이 될 수 있습니다.

여기에서 소개하는 미션&솔루션이 부모와 아이 모두에게

더 편안하고 건강한 식탁을 만들어가는

작은 디딤돌이 되길 바랍니다.

먼저 읽어주세요!

하나, 많이 먹이기 위한 기술이 아닙니다!

여기에서 소개하는 내용은 식습관 컨설팅 과정에서 많은 부모님들과 아이들을 만나며 실제로 적용해 온 실전형 미션들입니다. 이 미션들은 결코 '잘 먹이기 위한 기술'이나 '많이 먹이기 위한 기술'이 아닙니다. 우리 아이의 기질에 맞춰 식사 스트레스를 줄이고 스스로 먹고 싶은 마음을 키워주는 행동 가이드입니다.

둘, 생후 12개월 즈음에 특히 효과적입니다!

이 미션들은 생후 12개월 즈음, 스스로 식사해 보려는 의지는 있지만 아직 익숙하지 않고 감정 조절이 미숙한 시기의 아이들에게 특히 효과적입니다.

셋, 하루에 하나씩만 실천해도 충분합니다!

여기에 제시된 다양한 미션을 한꺼번에 모두 시도할 필요는 없습니다. 하루에 하나씩만 실천해도 충분합니다. 아이의 기질과 현재의 식사 흐름을 고려해 천천히 단계적으로 시도해 보세요. 속도보다 더 중요한 것은 방향입니다.

넷, 아이를 하나의 유형으로만 고착해서 바라보지 마세요!

아이를 한 가지 기질로만 설명할 수는 없습니다. 복합적인 기질을 지니는 경우도 많고, 기질이 같아도 경험이나 환경에 따라 식사 행동이 다르게 나타나기도 합니다. 아이를 한 가지 유형으로만 고착해서 바라보지 말고, 아이에게 어떤 특성이 더 '강하게' 드러나는지를 중심으로 유연하게 적용하는 것이 중요합니다.

다섯, 기대만큼 효과를 못 볼 수도 있습니다!

열심히 미션을 수행해도 기대만큼 효과를 보지 못할 수도 있고, 한 번 시도했다고 바로 드라마틱하게 좋아지지 않을 수도 있습니다. 그럴 때는 다른 미션을 시도해 보세요. 미션을 정답처럼 생각하며 조급하게 굴지 말고, 아이의 반응에 따라 조절하며 활용하는 가이드로 삼기를 권합니다.

여섯, 좌절은 금지! 시도만으로도 충분한 의미가 있습니다!

많이 먹는 것보다 더 중요한 건, 아이가 스스로 먹으려 하는 마음입니다. 이 식사 미션들은 아이가 밥을 더 많이 먹게 하려는 수단이 아닙니다. 아이가 자신만의 속도에 맞춰, 즐겁고 주도적인 식사 경험을 쌓아가도록 돕는 과정입니다. 그러니 작은 시도만으로도 충분히 의미가 있지요. 아이가 기대한 만큼 먹지 않더라도 그 속에서 아이의 식사 자율성은 조금씩 자라납니다. 아이의 거부에 너무 좌절하고 상처 입지 마세요.

말랑 복숭아형

미션 키워드

예측 가능하고 편안한 식사

말랑 복숭아형 아이에게 식사는 정서적 안정과 연결된 예민한 시간입니다. 이 아이에게는 어떤 음식을 먹었는지보다 어떤 분위기에서 먹었는지가 더 중요합니다. 감정 변화에 민감한 만큼, 식사 시간의 주변 분위기나 부모의 말투, 표정 등에 크게 영향을 받습니다.

특히 따뜻하고 반복적인 언어가 도움이 됩니다. 이러한 언어는 아이에게 예측 가능한 안정감을 주고, 식사 스트레스를 줄여줍니다. 조금 더디고 까다로워 보일 수도 있지만, 아이의 속도에 맞춰 충분한 감정 교감과 안정적인 반복을 이어갈 때 스스로 먹고 싶은 마음이 자연스럽게 자라납니다. 복숭아형 아이에게는 많이 먹는 것보다, 정서 안정과 충분한 탐색이 먼저입니다.

복숭아형 아이가 스스로 먹게 하는 한마디

"엄마는 ○○이랑 같이 밥 먹는 시간이 참 좋아."

"지금 먹기 힘들면, 다음에 다시 먹어보자."

"처음엔 엄마가 도와줄게. 네가 먹고 싶을 때 말해 줘."

"천천히 먹어도 돼. 엄마는 기다릴 수 있어."

[1단계 미션] 루틴 형성

▌식사 전 인사 루틴 만들기

식탁에 앉아 본격적으로 식사를 시작하기 전에 짧게 인사하는 루틴을 만들어주세요. 예를 들어, "박수 짝!" 하고 식사하기, 인사부터 하고 식사하기 등 반복되는 시작 전 인사 루틴은 아이가 식사 흐름을 예측하고 마음을 준비할 수 있도록 도와줍니다.

▌반찬 자리 고정하기

식사 때마다 반찬을 늘 같은 위치에 놓아주세요. 식판을 사용한다면 각 칸마다 정해진 자리에 정해진 반찬을 담는 것만 반복해도 아이는 시각적으로 안정감을 느낍니다. 조금 더 큰 아이라면 식탁 위에 밥, 국, 반찬을 놓는 위치를 매번 동일하게 유지하는 것도 좋습니다. 이처럼 예측 가능한 환경은 아이에게 심리적으로 안정감을 주고, 식사에 몰입할 수 있도록 도와줍니다.

▌익숙한 그릇 사용하기

아이가 자주 사용하고 좋아하는 그릇을 반복적으로 사용하세요. 복숭아형 아이는 익숙한 감각에서 심리적 안정을 느끼는 경향이 강합니다. 만약 새로운 그릇이나 수저로 바꿔야 하는 상황이라면, 바로 식사에 사용하기보다는 아이에게 말로 미리 알려주고, 관찰하거나 놀이 형태로 먼저 익숙해지도록 도와준 후 자연스럽게 식사 도구로 연결해 주세요. 이런 사전 예고와 준비 과정은 아이가 느끼는 불안을 덜어주고, 새로운 도구에 대한 거부감을 줄이는 데 도움이 됩니다.

우리만의 식사 종료 신호 만들기

박수 치기, 하이파이브 하기 등 아이와 함께 정한 특별한 신호로 식사를 마무리해 보세요. 이 신호는 식사의 끝을 예측 가능하게 만들어주며, 강요가 아니라 아이가 스스로 선택해 마무리할 수 있도록 도와줍니다. 복숭아형 아이처럼 정서적 안정감을 중요하게 여기는 아이에게는 이런 신호를 식사 때마다 일관되게 사용하는 것이 효과적입니다.

[2단계 미션] 감각 탐색

촉감 예고하기

음식의 질감, 온도, 촉감 등을 식사 전에 미리 말로 알려주세요. 예를 들어 "이건 따끈따끈해", "조금 미끌미끌할 수 있어", "오독오독 소리가 나"처럼 직관적인 단어를 활용하면 아이가 더 잘 받아들일 수 있습니다. 특히 예민한 아이는 갑작스러운 감각 자극에 거부감을 느끼기 쉬우므로, 음식을 접하기 전에 미리 설명해 주는 것이 좋습니다.
음식을 차려놓은 후 식사를 시작하기 전에 짧은 예고 한마디를 들려주세요. 이 작은 준비가 아이에게 예측 가능한 감각 환경을 만들어주고, 거부 반응을 줄이는 데 도움을 줍니다.

▌식사 전 그림책 읽기

식사 전, 먹을 음식과 관련된 그림책을 함께 읽어보세요. 예를 들어, 브로콜리가 나오는 책을 읽고 나서 실제 식사에 브로콜리를 넣은 음식을 주면, 아이는 시각적으로 익숙해진 재료이므로 거부감이 줄어 자연스럽게 관심을 가지게 됩니다. 꼭 책이 아니어도 괜찮습니다. 채소 모형이나 그림 카드처럼 시각적인 매체를 활용해도 좋아요.

아이에게 낯선 음식이 아닌 '어디서 본 적 있는 익숙한 것'으로 인식되어 새로운 음식에 대한 거부감을 줄여주므로, 이 루틴은 새로운 식재료를 소개할 때 특히 효과적입니다.

▌함께 장보기 & 식재료 정리하기(촉각 탐색)

아이에게 마트나 시장에서 당근, 오이, 브로콜리 등을 직접 손에 쥐어보고 무게나 촉감을 느껴보는 기회를 제공해 주세요. 실제로 식사하기 전에 원물을 충분히 탐색하는 시간을 주면 아이의 안정감이 높아집니다.

▌눈으로 먹기(시각 탐색)

식사 전에 눈으로 음식을 충분히 관찰할 수 있는 시간을 주세요. 바로 먹기를 권유하기보다, 아이가 먼저 색깔이나 모양을 살펴보며 '익숙해지는' 과정을 거치게 하는 것이 중요합니다. 아이가 관심을 보이지 않거나 거부 반응을 보이면 억지로 먹이려 하지 마세요. "이건 무슨 색일까?", "모양이 동그랗네?"처럼 놀이하듯 말을 걸며 탐색을 유도하는 게 바람직합니다.

▎코로 냄새 맡기(후각 탐색)

음식을 조리할 때 함께 냄새를 맡거나, 완성된 음식에 코를 가까이 가져가게 유도해 보세요. "무슨 냄새가 나?", "엄마는 맛있는 냄새가 나는 것 같아"처럼 맛을 말로 자연스럽게 표현해 주는 것이 좋습니다. 만약 냄새에 강한 거부 반응을 보인다면, 그 자극에서 잠시 벗어나게 해주세요. 익숙해질 때까지는 거리를 두고 관찰만 하게 하거나, 조리된 재료가 아닌 그림이나 책으로 간접 노출을 시도하는 것도 좋습니다.

▎살짝 찍어서 먹어보기(미각 탐색)

아이의 입에 바로 음식을 넣지 말고, 수저 끝이나 손가락으로 '살짝 찍어 맛보기'를 제안해 보세요. 음식 전체를 먹기 부담스러운 아이에게는 작은 시도가 마음을 여는 시작점이 될 수 있습니다. 하지만 아이가 고개를 돌리거나 손사래를 치며 거부한다면 억지로 시도하는 것은 피하는 게 바람직합니다. "괜찮아. 나중에 먹어도 돼", "그냥 냄새만 맡아보자"와 같이 부담 없는 대안 행동으로 전환하도록 이끌어주세요.

[3단계] 정서적 연결 활동

▎식사 정리 후 포옹하기

식사가 끝난 후에는 아이와 짧게 포옹하거나 손을 꼭 잡는 등 따뜻한 스킨십으로 마무리하세요. "오늘 스스로 잘 먹어서 정말 멋졌어", "같이 먹으니까 엄마도 기분이 좋았어"처럼 따뜻한 말 한마디를 더하면, 아이는 식사 시간을 더욱 긍정적으로 기억합니다. 이렇게 반복되는 작은 접촉과 말은 아이에게 식사 시간은 안정되고 즐거운 시간이라는 정서적 연결고리를 만들어줍니다.

▌음식과 인사하기 놀이

아이가 식사 전이나 중간에 음식과 인사를 나누며 대화하듯 표현하게 하세요. 예를 들어, "시금치야, 오늘은 눈으로만 인사할게", "안녕 당근! 오늘도 와줘서 고마워", "브로콜리야, 다시 만났네! 반가워"와 같은 말로 아이가 음식과 감정적으로 연결될 수 있도록 도와줍니다. 이 놀이는 아이가 혼자 해도 좋고, 양육자가 먼저 시범을 보이며 자연스럽게 따라 하도록 유도해도 효과적입니다. "오늘 ○○이가 당근한테 '안녕' 하고 인사했네?"처럼 아이에게 먼저 다정하게 말을 건네면, 아이가 음식과 더 쉽게 친해질 수 있습니다.

이처럼 음식에 감정을 이입하는 활동은 낯선 식재료에 대한 아이의 경계심을 낮추고, 아이가 새로운 경험을 거부감 없이 받아들이게 하는 긍정적인 연결고리 역할을 합니다.

후숙 단감형

미션 키워드

인정받는 선택의 즐거움

후숙 단감형 아이는 자기주도성과 인정욕구가 모두 강한 기질입니다. "내가 정했어", "내가 골랐어"와 같이 주도적인 경험 속에서 큰 안정감과 만족을 느낍니다. 이러한 안정감은 식사 참여도와 집중력을 끌어올립니다. 그러니 반찬 하나, 숟가락 하나라도 아이가 스스로 선택할 수 있게 해주세요. 이 선택이 아이의 식사 거부를 줄이고 주도성을 끌어내는 시작점이 됩니다.

또한, '기록'되어 '인정'받는 보상 방식에 특히 민감하게 반응하기 때문에, 식사 과정에서 나타나는 아이의 작은 선택과 시도를 놓치지 말고 격려해 주세요.

단감형 아이가 스스로 먹게 하는 한마디

"오늘은 무얼 먹을까?"

"어떤 걸 먼저 먹어볼까?"

"어떤 반찬부터 먹을까?"

"○○이가 골라준 거라서 더 맛있네."

[1단계 미션] 선택권 제공

❚ 식사 도구 직접 고르기

오늘 밥 먹을 때 쓸 수저나 포크, 물컵 등을 아이에게 직접 고르게 하세요. 아이가 직접 식사 도구를 고르며 식사의 시작을 주도할 수 있습니다.

❚ 메뉴 직접 고르기

식사 전, 미리 준비한 반찬이나 주메뉴 중에서 오늘 먹을 음식을 아이에게 직접 고르게 하세요. 의사 표현이 가능한 아이라면 어떤 걸 먹을지 함께 골라도 좋고, 이미 만들어둔 음식 중에서 선택하게 해도 괜찮습니다. '내가 선택했다'는 것 자체가 아이의 식사 참여 의지를 높여줍니다.

❚ 식판에 직접 반찬 덜기

아이는 엄마가 덜어준 반찬은 엄마의 선택으로 여깁니다. 하지만 식판에 직접 반찬을 덜게 하면, 내가 선택한 반찬이므로 더 적극적으로 식사에 참여하게 되지요. 아이가 자율성을 경험하며 식사에 대한 흥미를 높이는 한편으로, 책임감도 함께 기를 수 있습니다.

❚ 첫입은 아이가 선택!

식사를 아이가 시작할 수 있도록 해주세요. 제공된 음식 중에서 첫 번째로 먹고 싶은 것을 아이가 직접 선택해, 기분 좋게 식사를 시작할 수 있도록 도와주는 것이 핵심입니다. 아직 엄마의 도움이 필요하다면 "어떤 걸 먼저 먹어볼까?" 하고 물은 뒤 아이가 고른 반찬부터 먹여주세요. 식사의 첫 선택을 아이에게 맡기는 것만으로도 자기주도성이 살아납니다.

[2단계 미션] 성취감 인정

▎빈 그릇 인증샷

밥을 잘 먹고 난 후, 아이가 빈 그릇을 든 모습을 사진으로 찍어 남겨주세요. 그리고 그 사진을 아이에게 보여주며 칭찬해 주세요. 이처럼 작은 성취라도 눈으로 직접 볼 때 아이의 자존감은 더 크게 자라납니다.

▎엄마 한 입만!

아이가 엄마에게 한두 입 음식을 먹여줄 수 있게 유도하세요. 이와 같은 역할 전환을 통해 아이는 돌봄을 제공하는 주체가 되어 성취감과 자신감을 느낍니다.

[3단계] 놀이형 식사 활동

▎반찬 줄 세우기 게임

아이가 좋아하는 음식을 순서대로 식판에 줄 세우게 해주세요. 그다음엔 아이가 정한 순서대로 아이를 따라 함께 먹어주세요. 단감형 아이는 좋아하는 것부터 순서대로 먹는 경향이 강하고, 자신이 정한 순서를 지키는 것에 만족감을 느끼므로 이렇게 하면 식사 몰입도와 자존감이 높아집니다. 또한, 엄마가 자신의 순서를 따라 해주면 인정받는다는 느낌을 받게 됩니다.

▌식사 전 인터뷰 놀이

식사 전에 아이에게 "오늘은 뭐가 제일 맛있을 것 같아?", "어떤 반찬부터 먹어볼까?" 등의 질문을 던지는 인터뷰 놀이를 통해 소통을 유도해 보세요. 자기 의견을 표현하면서부터 아이는 능동적인 식사 태도를 갖게 됩니다.

▌'이거 누가 골랐지' 놀이

주메뉴나 반찬을 보며 "이건 누가 골랐더라?" 하고 퀴즈처럼 묻는 놀이를 해보세요. 아이가 자신이 선택한 음식을 기억하고 답할 때마다 인정과 칭찬을 아끼지 마세요.

"맞아! ○○이가 고른 거구나! 정말 맛있다!"

이런 놀이는 자신의 선택에 대한 아이의 자부심과 성취감을 키워주고, 식사 시간을 재미있게 만들어주는 요소입니다.

▌식사 후 인터뷰 놀이

밥을 다 먹고 나서 마이크 장난감이나 손짓으로 가장 맛있었던 음식이 무엇인지, 내일은 또 어떤 음식을 먹고 싶은지 등의 인터뷰 질문을 아이에게 던져보세요. 아이는 자신의 식사 경험을 표현하며 음식에 대한 기억을 긍정적으로 정리할 수 있고, 성취감과 자신감도 함께 얻게 됩니다.

[4단계] 일상 연계 활동

맛 표현 카드 고르기

식사 후 오늘 먹은 반찬 중 하나를 정한 후 '맛있어', '새콤해', '달콤해' 등의 맛 표현 카드나 표정 카드를 고르게 하세요. 음식에 대한 아이의 관심을 높이고, 음식의 맛을 표현하는 능력을 기를 수 있습니다. 아직 말로 표현이 어려운 아이라면 손가락으로 가리키기만 해도 충분합니다.

메뉴판 만들기

그림, 스티커, 색칠 도구로 아이와 함께 오늘의 메뉴판을 만들어보세요. 식사 전 기대감과 몰입도를 높일 수 있습니다.

새콤 레몬형

미션 키워드

자율적으로 탐색하는 재미난 시간

새콤 레몬형 아이는 자극추구 성향이 강하고, 새로운 것에 대한 호기심이 많습니다. 이 아이에게 중요한 것은 '재미+주도+도전'이라는 감각적 구조입니다. 새로운 것에 끌리고 스스로 발견하는 과정에서 즐거움을 느끼는 레몬형 아이에게, 반복적인 식사 구조나 지시형 식사 지도는 흥미를 잃게 하는 요인이 됩니다.

이 아이에게는 재미 요소가 곧 동기로 작용합니다. '어떻게 먹을지'를 아이에게 맡겨보세요. 작은 변화와 도전으로 이루어지는 식사 흐름이 오히려 아이의 집중력을 끌어올립니다.

레몬형 아이가 스스로 먹게 하는 한마디

"김 봉지를 ○○이가 뜯어볼까?"

"당근이랑 브로콜리 중 뭘 먹을까?"

"오늘 반찬 자리는 ○○이가 정해 줄래?"

"이 반찬은 무슨 냄새 날까?"

[1단계 미션] 능동적 탐색

▌손으로 먹는 날

숟가락을 쓰지 않고, 손으로 쥐기 좋은 음식(오이, 고구마스틱, 닭봉 등)을 직접 들고 먹어보게 합니다. 음식을 먹을 때 손을 적극적으로 사용하면 자극 추구 성향이 강한 아이는 자기주도적인 느낌과 재미를 동시에 느끼게 됩니다.

▌식재료 모양 틀 활용

식재료를 준비할 때 별, 하트 등 아이가 좋아하는 모양의 틀을 활용해 재미 요소를 부여합니다. '내가 좋아하는 하트 모양 당근'이라는 의미를 부여하여 식재료에 친근하게 접근하도록 유도할 수 있습니다.

▌시식 타임 제공

식판에 음식을 담기 전, 새 반찬을 한 입만큼 먼저 손에 올려 자유롭게 탐색하게 함으로써, 강요 없이 경험할 기회를 제공합니다.

▌'식사 준비'에 참여 유도

반찬통 뚜껑 열기, 바나나 껍질 까기, 김 봉지 뜯기 등 식재료 준비 일부를 아이가 수행할 수 있게 해주세요. 아이가 식사 준비 과정에 참여하면 식사에 대한 흥미를 높일 수 있습니다.

[2단계 미션] 주도권 제공

2가지 중 오늘의 반찬 고르기

반찬을 다 주는 게 아니라, "당근이랑 브로콜리 중 어떤 걸 먹어볼래?" 하는 식으로 이중 선택 구조를 제공합니다. 아이의 주도권과 통제감을 동시에 만족시킬 수 있습니다.

반찬 자리 정하기

아이가 고른 오늘의 반찬을 식판에 놓을 때, 어디에 놓을지 아이가 직접 지정하게 합니다. 시각적 예측과 공간 통제감을 확보할 수 있습니다.

내 식판 내가 정리하기

다 먹은 후 식판에서 반찬통 분리하기, 물컵 치우기 등 식사 마무리 의식을 만듭니다. 끝까지 참여하는 경험은 자기 통제감을 높여줍니다.

[3단계 미션] 감각 놀이

똑같은 색깔 찾기 놀이

식사를 지루해하거나 쉽게 집중력을 잃고 산만해지는 아이에게 추천하는 활동입니다. 식판에 담긴 재료와 색깔이 같은 주변 사물을 찾아보게 하세요. 이 활동은 자극추구형 아이의 시각 탐색 욕구를 만족시키고, 식사에 대한 흥미를 불러일으킬 수 있습니다.
단, 아이가 너무 흥분해 자리를 이탈하면 "찾았으면 다시 자리로 와서 같이 먹자", "밥 먹는 동안에는 자리에 앉아서 먹어야 해"처럼 식사 자리의 경계는 분명히 하되, 놀이가 금지되었다는 느낌이 들지 않도록 부드럽게 안내해 주세요. 식사 시간은 '앉아서 마무리하는 시간'이라는 일관된 메시지를 반복적으로 주어야 합니다.

▌수저 대신 포크나 꼬치로 바꿔 쓰기

반찬 종류에 따라 포크, 나무 꼬치 등으로 도구를 바꿔 써보게 합니다. 도구에 변화를 주는 것만으로도 아이의 흥미를 유발할 수 있습니다.

▌감각 퀴즈 맞히기

식사를 하는 도중 아이에게 오늘 반찬 중에 제일 차가운 것, 제일 달콤한 것, 제일 부드러운 것 등 다양한 감각 퀴즈를 내주고 맞혀보게 합니다. 정답을 찾기 위해 직접 만지며 맛보는 과정에서 자연스럽게 새로운 음식의 시식을 시도하게 되어 식사 참여도가 높아집니다.

▌칭찬 리액션 만들기

아이가 새로운 음식을 시도할 때마다 다소 과장된 칭찬과 함께 특별한 몸짓이나 소리를 만들어줍니다. 양육자의 즉각적이고 재미있는 반응이 아이의 도전 정신을 자극합니다.

▌취향 저격 식사 도구

아이가 좋아하는 캐릭터나 색깔의 특별한 식기를 준비해 보세요. 공룡 포크, 반짝이는 컵, 좋아하는 캐릭터 식판 등 시각적인 재미는 아이의 식사 동기를 높여줍니다.

특히 자극추구 성향이 높은 레몬형 아이의 경우, 새로운 자극에 민감하게 반응하며, 작은 시각적 변화만으로도 식사에 대한 기대감이 높아집니다. 따라서 식사 도구를 자주 바꿔주면 식사에 대한 흥미를 유지하는 데 도움이 됩니다.

외유내강 망고형

미션 키워드

공감 속에 존중받는 식사

외유내강 망고형 아이는 겉보기에는 순응적인 것 같지만, 내면에는 뚜렷한 자기주도성과 감정이 숨어 있습니다. 새로운 것에 대한 호기심과 불안이 동시에 존재하여, 도전하고 싶은 마음과 거부하고 싶은 마음이 충돌하는 아이의 복잡한 내면을 먼저 이해해 주어야 합니다.

이 아이는 감정이 섬세하고 예민한 측면이 있으나, 신뢰가 형성되면 자기의지가 단호하고 뚜렷해집니다. 관계 안에서 인정받는 역할이나 책임 있는 자리를 맡을 때 동기가 강해지는 특징을 보입니다. 망고형 아이에게는 지시보다 설명이 필요합니다. 식사를 할 때도 '왜 이 반찬을 먹어야 하는지', '어떤 순서로 먹는 게 더 좋은지'를 함께 이야기하고 스스로 선택하게 해보세요.

겉모습만으로 아이를 속단하지 말고, 공감하며 잘 이끌어주세요.

망고형 아이가 스스로 먹게 하는 한마디

"배부르면 오늘은 그만 먹을까?"

"오늘은 어디에 앉을까?"

"오늘은 누가 포크를 옮겨줄까?"

"불편하면 물 한 모금 마시고 먹을까?"

"깡충깡충 토끼처럼 먹어볼까?"

[1단계 미션] 리더십 제공

▍리더 역할 주기

망고형 아이는 겉으로는 양보하는 듯하지만, 스스로 결정할 수 있는 작은 권한이 생기면 집중력이 확연히 달라집니다. 반대로 주도적인 듯 보이지만, 막상 선택해야 하는 상황에서는 소심한 면이 드러날 수 있습니다. 선택의 폭을 넓혀 결정하게 하기보다는 '하나를 고르게 하기', '순서를 정하게 하기'처럼 작지만 분명한 리더십을 경험할 기회를 제공해 주세요.
아이에게 식사를 시작하는 신호를 주는 역할을 맡기면, 아이가 식사에 대한 주도권과 자부심을 동시에 느낄 수 있습니다.

▍기분 좋게 식사 종료 결정권 주는 날

일주일에 하루라도 "조금만 더, 한 숟가락만"과 같이 압박하지 말고 아이의 결정을 존중해 주세요. 아이가 스스로 배부름을 느끼고 식사를 마칠

타이밍을 결정하게 하세요. 식사량보다는 아이가 주도적으로 식사를 조절하는 경험을 하는 것이 중요합니다.

▌ 첫입만 엄마가!

첫입만 식사 지도로 유도하고 나머지는 전부 아이가 선택하게 해주세요. '엄마가 도와줬으니 이제는 내가 해봐야지'라는 마음이 자연스럽게 올라올 수 있습니다. 망고형 아이에게는 반은 도와주고, 반은 맡기는 방식이 적합합니다.

▌ 조리에 참여하기

"내가 덜고, 엄마가 섞고!" 음식을 조리하는 과정에서 아이에게 역할을 나눠주세요. 아이는 밥 위에 김가루 뿌리기, 꼬치 꽂기, 감자 으깨기 등 자기주도성과 놀이성을 결합한 활동을 하며 안정감과 참여감을 동시에 확보할 수 있습니다.

▌ 식사 도구 옮기기

수저, 포크, 물컵 등 떨어뜨려도 깨지지 않는 식사 도구를 아이가 옮기게 해주세요. 이 활동은 역할이 주어질 때 동기와 몰입이 강해지는 망고형 아이에게 특히 효과적입니다. "오늘은 누가 물컵을 옮길까?"와 같은 말로 아이의 참여를 유도해 보세요.

▌ 자리 정해 주는 날

"오늘은 어디에 앉을까?" 하고 식탁에서 앉을 자리를 아이가 정하게 해보세요. 엄마 옆, 아빠 옆, 혼자 앉기 등 아이가 정한 자리로 식사 공간을 구성해 줍니다. 외유내강 망고형처럼 내면의 자기주도성은 강하지만 겉으로는 순응적인 아이들의 경우, '스스로 선택한 환경' 안에서 훨씬 더 주도적인 식사 행동을 유도할 수 있습니다.

[2단계 미션] 감각 완화

물로 입 헹구기

아이가 특정한 식재료를 유독 불편해할 때는 먹기 전에 물을 제공해 주세요. 물 한 모금을 마시는 행동이 감각에 대한 저항을 완화하고 불안을 가라앉히는 좋은 전환점이 됩니다.

식사 정리하기

식사 정리에 아이를 참여시키세요. 식사를 마치고 스스로 정리하는 과정은 완밥 여부와 무관하게 자기통제력을 기르는 좋은 기회입니다. 망고형 아이에게 '내가 마무리했다'는 사실은 특히 긍정적인 자기효능감을 심어 줍니다.

연결고리 찾기

"브로콜리가 꼭 나무 같네", "이건 뽀로로가 좋아하는 밥이잖아!"와 같이 아이가 좋아하는 대상이나 캐릭터 등과 음식을 연결 지어 주세요. 외부 대상을 통해 감정을 완화하고 자기주도성을 연결할 수 있습니다.

▮ 상상놀이 하기

"깡충깡충 토끼처럼 당근 먹어볼까?", "뿌우, 코끼리처럼 국물 한번 마셔볼까?"와 같이 아이들이 친근하게 여기는 동물을 대입한 상상놀이를 통해 감각 저항을 줄여주고, 식사에 즐겁게 접근할 수 있도록 유도할 수 있습니다.

[3단계 미션] 협력하는 독립성

▮ 엄마랑 함께 먹기

"너는 당근, 엄마는 브로콜리! 우리 같이 먹어보자"처럼 엄마와 아이가 함께하는 식사는 협력하는 느낌을 줍니다. 망고형 아이는 혼자보다는 '함께' 안에서 자기주도성을 더 잘 발휘합니다. 나란히 앉아 같은 행동을 한다는 느낌이 중요합니다. 아이가 낯선 식재료를 처음 먹으려고 시도할 때, 엄마가 함께 도전하는 구조로 아이에게 안정감을 제공해 주세요.

▮ 역할 바꾸기

아이가 식사를 시작하고, 첫입을 엄마 입에 넣어주도록 역할을 바꿔보세요. 이 작은 전환만으로도 아이는 스스로 식사를 이끄는 기분을 경험할 수 있고, '엄마도 따라주는 나만의 방식'이라는 자부심을 느끼게 됩니다.

특별
부록
❷

이유식부터 유아식까지 응용 가능!

밥태기 구원템
마법의 레시피 7

외부 자극에 민감해 이유식 적응을 어려워하던 첫째 통통이와
자기 주도성이 강한 둘째 삐약이,
쌍둥이의 지독한 밥태기로 힘들어하던 엄마를 구원한
영양만점 마법의 레시피를 소개합니다.

개월 수와 발달에 따라 질감을 달리하고 간을 추가하면
이유식부터 유아식까지 두루 활용 가능해요.
간을 추가하면 엄마 아빠도 함께 먹을 수 있어
온 가족 식사 고민도 해결할 수 있어요.

소고기 소보로

재료(2~3회 분량)

소고기 다짐육 200g
과일 퓌레 한 팩(00g)
사과즙 ½포(50mℓ)
다진 마늘 1작은술(생략 가능)
식용유 약간

입자가 작고 부드러워 새로운 식감에 예민한 아이도 쉽게 접근할 수 있는 단백질 메뉴예요. 후기 이유식이나 유아식 전환기에 적합하며, 2~3회 분량을 만들어서 덮밥, 볶음밥 등으로 활용할 수 있어요.

만드는 법

1 키친타월로 소고기 다짐육의 핏물을 제거한다.
2 달군 팬에 식용유와 다진 마늘을 넣고 가장 약한 불에서 볶는다.
3 마늘 향이 올라오면 핏물을 제거한 소고기를 넣고, 중불에서 붉은 기가 사라질 때까지 볶는다.
4 볶은 고기에 과일 퓌레와 사과즙을 넣고, 수분이 날아갈 때까지 중불에서 타지 않게 저으며 졸인다.
5 수분이 어느 정도 졸아들면, 약불로 줄여 고슬고슬해질 때까지 볶아 마무리한다.

포인트 1 · 볶을 때 뭉개지지 않도록 하는 게 중요해요. 뒤집개를 세워서 눌러 찍듯이 볶으세요.
포인트 2 · 아이의 개월 수에 맞춰 간장으로 간을 추가해도 좋아요.

저염 무조림

재료(2~3회 분량)

무 ½개(400~500g)
다진 마늘 1작은술
사과즙 1포(100mℓ)
물 500mℓ

지독했던 쌍둥이들 밥태기 탈출을 도와준 필살기 메뉴랍니다. 채소에 거부감이 있는 아이도 편안하게 접근할 수 있어요. 입안에서 쉽게 부서지는 부드러운 식감이라 초기 유아식 반찬으로 활용하기에도 좋습니다.

만드는 법

1 무를 2cm 두께의 반달 모양으로 썬다.
2 손질한 무, 다진 마늘, 사과즙, 물을 모두 압력솥에 넣는다.
3 약불에서 15~20분간 푹 삶는다(전기압력솥은 '찜' 또는 '채소 모드'로 설정).
4 무가 충분히 익으면 한입 크기로 잘라 제공한다.

포인트 1 · 감기에 걸렸거나 소화 불량 시에는 사과즙 대신 배즙으로 조리해도 좋아요.
포인트 2 · 우둔살, 홍두깨살을 넣고 같이 끓이면 소고기뭇국이 됩니다.

닭곰탕

재료

닭다리 2~3개, 닭안심 100g
양파 ½개(중간 크기)
통마늘 3톨, 대파뿌리 2개
월계수잎 2장(생략가능)
물 1.2ℓ

소화력이 약하거나 입맛이 떨어진 아이에게 추천합니다. 맑고 부드러운 육수와 결대로 찢어져 부드러운 닭살은 이유식 완료기 이후부터 유아식 초기까지 활용하기 좋은 단백질 요리예요. 닭껍질을 제거하면 기름기가 적어져, 유아식으로 막 전환한 아이에게도 부담 없이 제공할 수 있어요.

만드는 법

1 준비한 모든 재료를 압력솥에 넣고, 중불에서 30분간 푹 삶는다(전기압력솥은 사용 시 '만능찜', '육수' 모드 등으로 설정).
2 완전히 읽은 닭을 건져내 식힌 뒤, 결대로 가늘게 찢는다.
3 육수는 체에 걸러 불필요한 잔여물을 제거한다.
4 육수에 가늘게 찢은 닭살을 넣어 한 번 더 끓여 완성한다.

포인트 1 · 아이의 개월 수에 맞춰 소금 간을 소량 추가해도 좋아요.
포인트 2 · 아이 기호에 따라 당면, 감자, 애호박 등 부재료를 작게 썰어 넣어도 좋아요.

아기 갈비탕

재료

소갈비 400g
통마늘 2~3쪽, 대파 1대
양파 ½개(중간 크기)
통후추 4~5알
물 1.2ℓ

질감이 부드럽기 때문에 아직 고기를 씹기 어렵거나, 질긴 고기를 잘 뱉어내는 아이에게도 좋은 메뉴입니다. 식욕이나 컨디션이 떨어져 있을 때 영양가 있는 한 그릇 식사로 활용도가 높아요.

만드는 법

1 소갈비는 찬물에 1시간 이상 담가 핏물을 빼준다.
2 모든 재료를 압력솥에 넣고, 갈비가 잠길 만큼 물을 붓는다.
3 중불에서 40분간 푹 끓인다(전기압력솥은 '육수' 또는 '고기찜' 모드로 설정).
4 부드럽게 익은 고기를 건져내 식히고, 육수는 체에 걸러 맑게 정리한 후 겉기름을 제거한다(바로 먹을 경우에는 뜨거운 상태에서 위에 뜬 기름을 걷어낸 뒤 다음 날 먹고, 대량 조리 시에는 냉장 후 굳은 기름을 걷어내도 괜찮다).

포인트 1 · 고기는 아이의 발달 단계에 맞게 뼈가 있는 상태로 제공하거나, 결대로 찢거나 작게 잘라 제공하세요.

포인트 2 · 간을 추가하면 엄마 아빠와 함께 먹기에 좋은 메뉴입니다.

누룽지 닭다리 백숙

재료

닭다리 2~3개
누룽지 한 줌
다진 채소 2종 30~40g
물 1ℓ

아이가 닭다리를 직접 잡고 뜯으며 먹을 수 있어, 스스로 먹기를 좋아하는 둘째의 최애 메뉴예요. 별다른 고민 없이 1·1·2 가짓수 제한식(단백질 1:닭고기, 탄수화물 1:누룽지, 섬유질 2:다진 채소 2종)으로 줄 수 있어요. 온 가족이 함께 먹을 수 있는 초간단 한 그릇 식사랍니다.

만드는 법

1 닭다리는 껍질을 벗겨 준비한다(기름기와 질긴 조직이 많은 껍질은 생후 12개월 전후까지는 제거하는 것이 안전).

2 손질한 닭다리와 누룽지, 다진 채소를 모두 압력솥에 넣고 물을 자작하게 붓는다.

3 압력솥에서 중불로 40분간 푹 끓인다(전기압력솥은 '찜' 또는 '죽' 모드로 설정).

4 닭다리가 부드럽게 익으면 꺼내서 결대로 찢고, 국물과 누룽지를 함께 준다.

포인트 1 · 주도성이 강한 아이라면 닭다리를 통째로 들고 직접 뜯어 먹는 경험을 할 수 있어요.
포인트 2 · 남은 육수에 면을 넣으면 면 요리로도 활용 가능해요.

게살 리소토

재료

밥 50~60g
게살 30g(개월 수에 맞게 단백질량 조정)
우유 또는 분유 100mℓ(개월 수 및 알레르기 여부에 따라 선택)
아기용 슬라이스 치즈 1장
다진 채소 2종 30~40g

입자감에 민감한 아기에게 추천해요. 식감이 부드럽고 크리미해서, 아직 씹는 연습이 덜 된 아이에게도 적합한 메뉴랍니다. 개월 수에 맞춰 쌀가루의 입자감을 조절하면 이유식 중·후기부터 활용 가능해요.

만드는 법

1 다진 채소를 약불에서 살짝 볶는다.
2 게살을 넣고 함께 볶다가, 밥과 우유(또는 분유)를 넣고 잘 섞으며 끓인다.
3 중약불에서 5~7분간 졸이듯 저으며 끓인 후, 치즈를 넣어 녹인다.
4 우유가 잦아들고 전반적으로 되직해지면 마무리한다.

포인트 1 · 게살이 아니어도 다양한 단백질군으로 대체하여 조리할 수 있어요.
포인트 2 · 입자감을 조절해 이유식부터 유아식까지 활용하기 좋아요.

옥수수 수프

재료

옥수수 퓌레 60g
쌀가루 20~30g
분유 또는 우유 100mℓ(개월 수 및 알레르기 여부에 따라 선택)
아기용 슬라이스 치즈 1장

소극적이지만 다양한 방식으로 이유식을 거부하던 첫째가 이유식에 적응하게 만든 1등 공신 메뉴예요. 부드러운 식감에 은은한 단맛이 나서 가벼운 아침 식사로 좋아요. 입자감에 민감하거나 아침에 식사량이 적은 아이에게 추천해요.

만드는 법

1 옥수수 퓌레에 쌀가루, 분유 또는 우유를 넣고 잘 섞는다.
2 약불에서 천천히 저으며 끓인다.
3 전체가 고르게 섞이고 걸쭉해지면 치즈를 넣어 녹인다.
4 치즈가 다 녹아 부드러운 수프 질감이 되면 마무리한다.

포인트 1 · 쌀가루가 없다면, 남은 밥과 모든 재료를 믹서기에 갈아 한 번에 끓여도 가능해요.
포인트 2 · 입자감에 민감하다면 반드시 옥수수 퓌레를 활용하거나 믹서기로 갈아서 조리해야 하고, 이 과정이 어렵다면 고구마나 단호박처럼 부드러운 재료로 대체해도 좋아요.